I0487774

EL TRÁFICO NO TIENE SOLUCIÓN

La Ciudad Comunicada

Para cualquier tema relacionado con este libro, puede escribir a:
TAMADUSTE EDITA
Matías Fonte-Padilla
C/ Pilar, 21, 4º izq.
Santa Cruz de Tenerife – Islas Canarias
38002 España.
Tfno. : 00 34 922273187. Móvil: 00 34 680542622.
E-mail: info@laciudadcomunicada.com
O visitar la página Web www.laciudadcomunicada.com

Diseño y maquetación: Annie Hasselkus Bedoy
Fotografías: Matías Fonte-Padilla, Ana I. Martín, Miranda y Juan Fonte Martín
Dibujos: Miranda y Juan Fonte Martín
Fotografías de la cubierta: Ana I. Martín
Primera Edición: julio de 2009

Impreso en España – Printed in Spain
Registro General de la Propiedad Intelectual: nº 00/2008/3499
Depósito Legal: PM 1746-2009
ISBN: 978-1-4461-9892-6

Este libro está dedicado a todos aquellos que han sufrido un accidente,
o que han lamentado y sufrido con los accidentes de otros.
También a todos los particulares, asociaciones y ONG´s
que luchan por un mundo sin accidentes.
Por último lo dedico a todos los miembros de la DGT
(Dirección General de Tráfico en España) y de las Fuerzas y Cuerpos
de Seguridad del Estado que se dejan la piel para protegernos la vida.
No quiero ver más flores en los bordes de las carreteras.
No quiero oír más gritos ni más llantos.
Deseo ver sus sonrisas al volver sanos a casa.

POR UM
MUMDO
MEJOR

A todos los que me quieren y respetan, gracias de corazón.
A mis padres, porque sin ellos no hubiera sido nada.
A mis hijos, porque me han abierto las puertas al futuro.
A los que les gustará el libro, porque me comprenden.
A los que no les gustará, porque los entiendo.

"Construye tu futuro. El camino será duro, pero será tuyo".

Matías F-P.

Preámbulo 13
Introducción 17

1. **¿Por qué?** 25
2. **Características del modelo insostenible actual** 29
   Algunos datos preliminares 29
   Un poco de historia hacia un modelo de vida 30
   Muchas batallas perdidas, pero la guerra continúa 31
   "The Car Way of Life". Nuestro modelo de vida 36
3. **¿Qué nos ofrece que es tan irrenunciable? Los beneficios de poseer un automóvil** 39
4. **¿Qué tiene de negativo para nosotros? Los perjuicios para el ciudadano** 43
   Problemas derivados del sedentarismo 43
   Problemas derivados del estado de alerta permanente 44
   Problemas derivados del estrés. Sensación de ubicuidad y problemas del tráfico 45
   Problemas del riesgo y la siniestralidad derivados de la posesión de un vehículo. Los accidentes de tráfico 48
   Problemas relacionados con la seguridad personal 77
   Seguridad con respecto a accidentes 77
   Seguridad con respecto a la seguridad ciudadana 81
5. **Problemas ecológicos derivados de la posesión de un vehículo** 85
6. **Alteraciones psicológicas y personales derivadas de la posesión de un vehículo** 97
7. **Gestión del espacio y movilidad derivados de la posesión de un vehículo. Configuración espacial de la ciudad** 113
8. **Organismos reguladores** 137
9. **Popurrí de reflexiones** 143
10. **El entorpecimiento total** 147
11. **La importancia de la Publicidad** 149
12. **Capítulo final. Principios para la nueva ciudad comunicada** 151

Epílogo. Una nueva oportunidad 163
Sobre el autor 165

Preámbulo

La "Sociedad del Automóvil" es una realidad. La estructura y gestión de las actividades humanas y del espacio de nuestras ciudades depende de la utilización del automóvil privado. Nuestra forma y calidad de vida actual no podríamos concebirla sin tener automóvil. No sólo es imprescindible para trasladarnos a nuestro trabajo diariamente, sino que lo necesitamos para poder desarrollar la vida diaria, como hacer la compra, disfrutar del ocio, relacionarnos con los demás, etc.

Somos conscientes de la problemática diaria que suponen tantos automóviles en la carretera: accidentes, atascos, falta de espacio en las ciudades, ruidos, contaminación y otros muchos problemas, que vamos esquivando como podemos.

Tener un automóvil no es barato. No sólo es su precio, que pagamos en "cómodas" cuotas que nos asfixian mes a mes, sino también están los impuestos, el seguro, las revisiones, todos los repuestos, y las reparaciones importantes. Además al utilizarlo

Los atascos en todos los tipos de vías son diarios, e inevitables.

gastamos dinero desde que lo arrancamos: gasolina, aceite, refrigerante, limpiaparabrisas, antiestático, aparcamientos legales e ilegales, multas, etc.

Conocemos la problemática ambiental que estamos sufriendo en estos momentos. Temas que antes eran desconocidos para nosotros, los oímos ahora todos los días en las noticias. No afectan a una sola zona o nación, sino que todo el planeta está en grave riesgo. Efecto invernadero, calentamiento global, deshielo de los polos, contaminación de los alimentos y el agua, aumento del nivel del mar, huracanes, inundaciones, incendios devastadores, son algunos de estos problemas. Lo más grave es que nosotros somos responsables de este cambio climático, por nuestra frenética carrera industrial.

La contaminación que estamos generando supera con creces la capacidad de absorción de nuestro planeta. En aras del mantenimiento de nuestra "calidad de vida", estamos perturbando de tal forma a la Tierra que estamos poniendo en riesgo nuestra propia existencia. Muy tarde, y con demasiados incumplimientos, algunos países están tratando de minimizar su emisiones. La industria automovilística, con más de 750 millones de vehículos en circulación, y una previsión de 1000 millones en menos de 25 años, es responsable de buena parte de esta contaminación, tanto en la fabricación de componentes como en su vida útil.

Queremos ir hacia un modelo de desarrollo sostenible, lo que quiere decir que deseamos seguir disfrutando de una gran calidad de vida, pero minimizando el daño ambiental. Se trata de lograr la excelencia ambiental. Para lograr esto, el único camino posible es

Que una ciudad rebose de zonas verdes y parterres no significa que sea limpia, sostenible y sin contaminación. Muchas veces el embellecimiento de las calles es simplemente una consecuencia del esfuerzo político por contentar a los barrios, más que una estrategia real de desarrollo sostenible.

El tráfico privado entorpece los servicios de urgencia, pero además supone un grave problema de seguridad, puesto que el riesgo de accidentes aumenta significativamente cuando están de servicio.

reorientar completamente nuestro sistema de gestión y consumo de la energía, utilizando sistemas más eficaces y eficientes.

Desde mi punto de vista, la utilización del automóvil privado para el transporte de personas supone un callejón sin salida. Sólo deshaciéndonos del vehículo privado para el transporte diario en los núcleos urbanos podremos disfrutar a largo plazo de calidad de vida en nuestras ciudades, y de un medio ambiente más equilibrado, tanto dentro de nuestras ciudades como en la Tierra en su conjunto.

No pretendo que se elimine el vehículo privado de la Tierra como medio de transporte, sino creo que hemos "perdido el norte" con respecto a su uso. Los vehículos se crearon para facilitar nuestra movilidad, pero hemos llegado a un nivel de saturación que no tiene ninguna solución.

Debemos reorientar nuestra forma de desplazarnos en las ciudades. Debemos reconducir la sociedad hacia una forma de transporte colectivo en los núcleos urbanos que nos asegure de forma eficaz, rápida, segura, y barata que podemos trasladarnos a cualquier lugar y a cualquier hora. También debe asegurar que no entorpecerá las demás actividades humanas.

Y en este nuevo modelo no hay cabida para el vehículo privado, porque "El Tráfico no tiene solución", por mucho que la busquemos. Si logramos el objetivo del tráfico colectivo eficaz tendremos una "Ciudad Comunicada" en vez de una "Ciudad atascada y contaminada", y disfrutaremos de una calidad de vida como nunca lograremos con nuestro propio vehículo. Ojalá entre todos podamos conseguirlo.

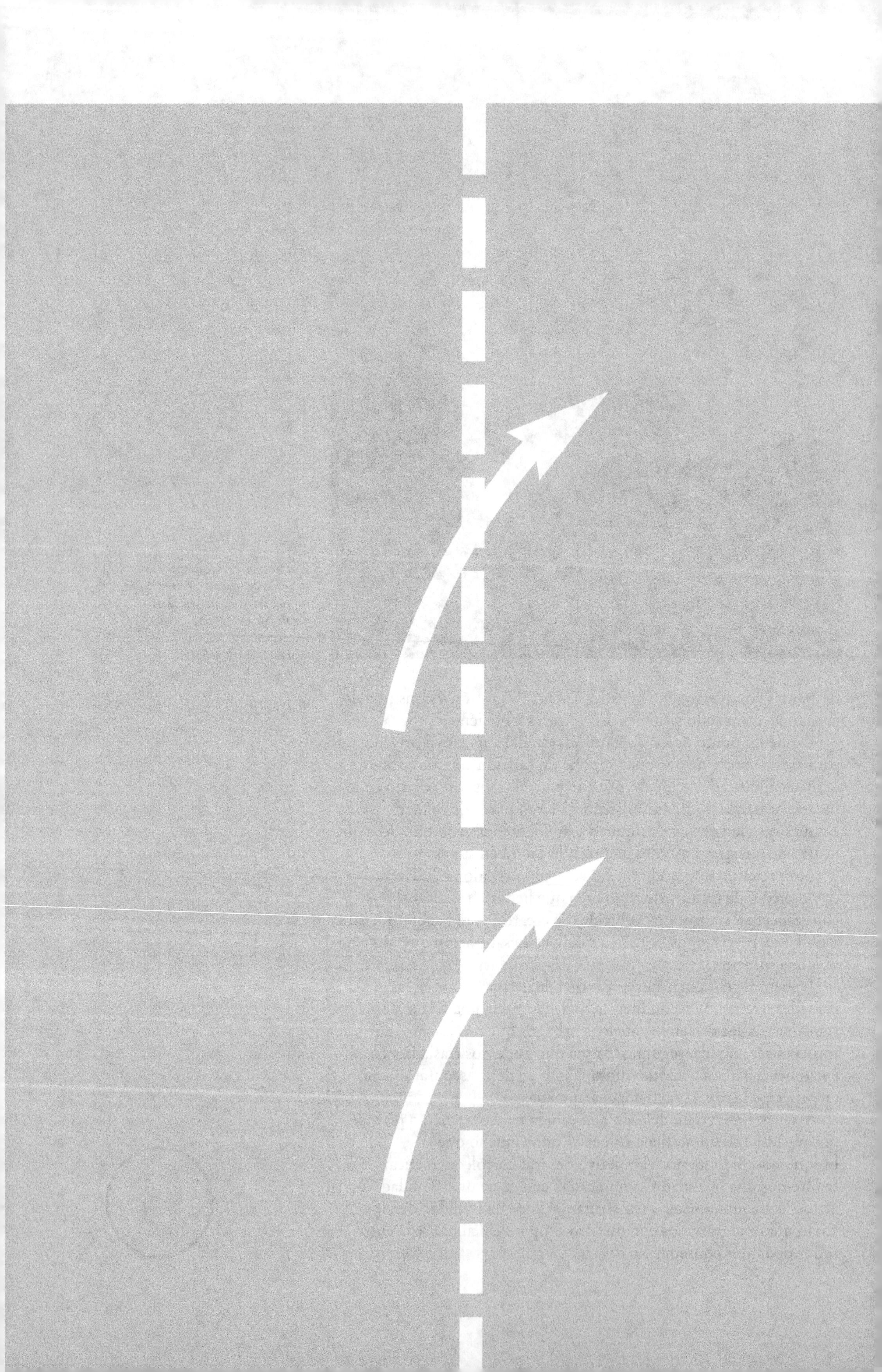

Introducción

Este libro surgió, por supuesto, conduciendo; en realidad me encontraba dentro del vehículo, porque no puedo llamar conducir a estar sin moverme durante media hora en un atasco.

Todos somos conscientes de la problemática del tráfico en nuestras ciudades, y comentamos o pensamos sobre él casi a diario. Dentro de nuestro vehículo, en un semáforo, en una cola en la autopista, en un autobús saturado, tratando de buscar aparcamiento durante media hora y metiéndonos al final en un aparcamiento privado donde nos cobran un montón de euros, o fiándonos de un aparcacoches que no sabemos bien si nos lo va a cuidar o a robar.

Durante esos periodos perdidos de mi vida suelo escuchar la radio, como supongo todos hacemos, para distraerme un rato y evadirme, logrando así que mi mente no esté en ese atasco, sino disfrutando con la música o reflexionando sobre cualquier tema de actualidad. Y así la vida continúa (un ciudadano medio pierde 7 años

Existen multitud de zonas de aparcamiento en nuestras ciudades, que son insuficientes y se saturan completamente en las horas de mayor uso, pero que el resto del día permanecen vacíos. Suponen una ocupación del espacio residencial, que podría utilizarse para infraestructuras de ocio o de transporte colectivo.

de su vida en los atascos). El mismo vehículo, la misma vía, la misma cola, los mismos problemas sin resolver.

En ese momento comenzaron las noticias de nuevo en la radio (ya era la tercera vez que las escuchaba) y comentaron algo sobre las nueva normativa de tráfico, y de cómo la Guardia Civil había parado a un vehículo que iba a 260 Km. /h. ¡Pero como alguien puede ir a esa velocidad, si yo llevo media hora en este atasco, y esto apenas se mueve! Entonces fui de nuevo consciente de las tremendas contradicciones del tráfico: cada vez vehículos más potentes y seguros, en ciudades cada vez más atascadas, con más población que desea tener vehículo o comprar otro, con más accidentes, muertos y heridos llenos de secuelas físicas y psicológicas, con menos espacio para aparcar, en aparcamientos más caros y poco seguros, con servicios técnicos más lentos y costosos, en un mundo donde la calidad de vida de una población se valora según el número de vehículos por habitante.

Pero, ¿A dónde vamos a llegar? ¿Qué medidas realmente eficaces toman nuestros políticos para solucionar tanto problema? (Claro, como ellos tienen chofer y aparcamiento seguro) ¿Tiene realmente una sola solución global y definitiva, o hay que seguir tomando medidas parche que al final no sirven para nada? ¿Quién tiene la culpa de todo esto? (porque alguien tiene que tenerla, eso seguro).

Y de repente, ahí estaba, no me lo podía creer, como un regalo del cielo, como si los dioses se hubieran apiadado de mí por un día, como si todas las fuerzas de la naturaleza se hubieran aliado a mi

Un claro ejemplo de falta de espacio y planificación: un paso de peatones que no lleva a ninguna acera, acera que no existe porque están los contenedores, que no caben en otro lugar porque hay que dejar espacio para el paso de vehículos.

favor, encontré un aparcamiento justo al lado del edificio al que iba. Di gracias a humanos y divinos, activé mi intermitente, me puse tenso ante la posibilidad de que alguien me robara lo que el azar me había regalado, y con rapidez y destreza aparqué. ¡Qué sensación de alegría fugaz, de plenitud, de mundo redondo!

Este libro es el resultado de un proceso de reflexión profundo sobre la ciudad en que vivimos, con un lenguaje claro y directo, en el que he querido plasmar mi particular "Filosofía del Tráfico", y con una visión optimista reivindico que la ciudad es para las personas, no para el vehículo, y que hay que reinventar el modelo de ciudad actual, el modelo de "Sociedad del Automóvil", aprovechando lo que ya tenemos, hasta llegar a una "Sociedad Comunicada"

La idea básica de lo que hoy les presento es la siguiente: como pasar del modelo insostenible en el que vivimos a un modelo sostenible y respetuoso con el medio y con las personas.

Se están perdiendo tantas vidas en la carretera, y hay demasiados heridos, con secuelas físicas y psicológicas que perduran para siempre. Todos merecemos disfrutar la vida de la mejor manera posible.

El modelo actual del tráfico es insostenible, contaminante, peligroso y nos cuesta un montón de dinero, tanto a los ciudadanos individualmente (¿han calculado cuanto se gastan al año en un vehículo?) como a las administraciones y empresas (accidentes, hospitales, seguros, retrasos, bajas laborales, etc.). ¡Como se atreven a decir que con el automóvil nuestra calidad de vida ha mejorado! Lo único que ha aumentado es nuestro egoísmo, nuestra capacidad

La ciudad está diseñada para los vehículos, no para los ciudadanos, que tenemos que luchar contra el tráfico diariamente.

de aislarnos, el poder para sentirnos superiores a los demás, todo materializado en un automóvil. En los anuncios de la televisión siempre vemos los vehículos presentados como símbolos de diferencia, de estatus, de libertad. Pero nunca los veremos como ocurre en la realidad: metidos en un atasco sin posibilidad de escapar, contaminando nuestra ciudad, quitando espacio a las personas, provocando accidentes. Y en España todavía los llamamos "turismos", como si fueran unos elementos secundarios en nuestra vida que sólo necesitáramos en vacaciones, cuando en realidad sin ellos no sabemos vivir.

Además, la llegada de la crisis del 2008 ha hecho más necesario si cabe el replanteamiento del modelo insostenible actual. Se deben desarrollar políticas de austeridad y eficacia, porque ni los ciudadanos ni las administraciones públicas tienen ya la capacidad económica de años anteriores. Al caer la capacidad de compra y de endeudamiento, el modelo económico actual basado en el consumismo se desmorona. Si no lo modificamos, la pérdida de empresas y de puestos de trabajo será todavía más grave de lo que ha sido en el 2008, y se alargará muchos más años de los que ya nos toca pasar. La crisis ha afectado a la industria automovilística muy gravemente, simplemente porque el modelo actual era insostenible. Han basado la economía en el egoísmo y consumismo de que cada persona que se desplace debe hacerlo en su propio vehículo. Y ahora pagamos todos las consecuencias de este planteamiento erróneo.

Los políticos nos pretenden convencer de que están tomando medidas importantes para mejorar nuestra movilidad, y para ello

Para "eliminar" atascos en cruces conflictivos, se ha optado por crear túneles o puentes, de forma que las circulaciones no se crucen. Esto sólo supone obras muy costosas, mayor ocupación de territorio y barreras infranqueables para los ciudadanos a pie. Y encima, se siguen produciendo atascos porque siempre habrá un factor limitante del tráfico.

La introducción del tranvía dentro de las ciudades ha supuesto una inversión enorme, que podía haberse utilizado en eliminar el tráfico privado de las ciudades. Se han invertido muchos miles de euros en publicitar esta forma de transporte como ecológica y limpia, cuando en realidad no lo es.

invierten en grandes obras de infraestructuras viarias, como autopistas, o en transportes alternativos, como el tranvía o nuevas líneas de autobuses, pero la realidad es que no desean solucionar definitivamente el problema de movilidad, sino tomar medidas populares y públicas.

Muchas de las ideas que aquí presento no son nuevas, y ya han sido utilizadas en las ciudades. Pero mi apuesta va más allá de tomar algunas medidas "parche" para paliar los problemas que surgen a medida que el tráfico aumenta. Las actuaciones de forma aislada no pueden funcionar, porque el crecimiento del tráfico y el comportamiento de los conductores siempre superan las expectativas. En los momentos de crisis, donde se ve disminuir el tráfico de vehículos, es cuando tenemos realmente la oportunidad de hacer los cambios que nuestro modelo necesita, puesto que las infraestructuras no están al límite de su uso, como suele ser habitual, y los cambios que realicemos no afectarán negativamente a tantos ciudadanos.

Lo peor de la gestión del tráfico es que es responsabilidad de los políticos, y no de los técnicos. Los políticos jamás se arriesgan a tomar medidas que se consideren muy impopulares, o que puedan modificar el nivel de vida actual si este cambio se percibe como una pérdida de derechos individuales, ya que cada individuo es poseedor del mayor tesoro para un político, su voto. El político se encuentra limitado en sus actuaciones, y sólo si logra convencer a la población de la importancia de una medida, puede ejecutarla, aunque además tendrá que luchar con la negativa tajante de la oposición. Es por esto que con nuestro vehículo individual podemos llegar a casi cualquier lugar, e incluso aparcarlo al lado de nuestra casa. Y el problema de

los técnicos es que se consideran a veces los únicos propietarios de la verdad, cuando en realidad están totalmente influenciados por la sociedad en la que viven.

Pretendo movilizar las conciencias amuermadas y acostumbradas a un problema que debemos afrontar de manera urgente. Pero para resolver de verdad el problema del tráfico, los políticos y gestores deben de dejar de pensar en el individuo concreto, y desarrollar estrategias basadas en el beneficio de la comunidad, de la ciudad, del país, del mundo. El famoso "piensa global, actúa local" está hoy más vigente que nunca.

Estoy seguro que al leer este libro surgirán nuevas ideas que servirán para mejorar las ciudades. Nos las dejes escapar, comunícalas al mundo, utilízalas, perfecciónalas, y vuelve a comunicarlas. Entre todos podemos hacerlo. Las herramientas las tenemos, la tecnología existe, el dinero lo hay. Soy un fanático de las nuevas tecnologías y de la comunicación global, y estoy seguro que jugarán un papel esencial en este proceso de cambio.

Sé también que este libro no gustará a algunos: a los que tienen miedo. A los que no soportan los cambios, y se sienten seguros en su ciudad contaminada y caótica, o tienen pavor a perder su posición, su estatus, sus privilegios, y a aquellos que se están beneficiando política o económicamente del desastre medioambiental en el que vivimos. A todos les digo que no se preocupen, que aunque el miedo es libre, irracional y difícilmente controlable, cambiando el modelo de ciudad por otro mejor se sentirán más seguros los unos, y obtendrán mayores rendimientos políticos y económicos los otros, aunque deban realizar modificaciones en sus vidas y empresas. Podrán disfrutar de sus vehículos de verdad, como nunca lo han hecho antes. Porque al fin y al cabo, hemos llegado a esta penosa situación porque todos nos sentimos beneficiados por el automóvil, todos somos parte de un gran sistema económico que nadie desea modificar; pero no queremos ver lo evidente, el vehículo no es una solución, es el problema.

El vehículo privado entorpece gravemente la vida en las ciudades, y las actividades que son necesarias, como la recogida de los residuos sólidos urbanos.

Sólo hace falta voluntad decidida, nuestra y de nuestros políticos, para lograr volver a disfrutar plenamente de la ciudad que todos nos merecemos. En nuestras calles existe el espacio suficiente para asegurarnos un transporte eficaz, y poder disfrutar de todos los servicios. Pero actualmente ese espacio está ocupado por los vehículos privados, que limitan el resto de las actividades humanas.

Debemos cambiar nuestra mentalidad, y la forma que tenemos para desplazarnos dentro de la ciudad. Nos tienen que obligar a desplazarnos en transporte público, que no tengamos la posibilidad de utilizar nuestro vehículo. Así no tendremos que ir a dejar a nadie, ni tampoco a recogerlo, colapsando el tráfico, como ocurre por ejemplo en los centros escolares, donde los atascos son diarios, y

Los vehículos privados ocupan todo el espacio de las vías, de forma que el resto de las actividades quedan limitadas. Como ejemplo de esto, apenas existe lugar para los contenedores de basura.

El transporte escolar es una gran solución para la ciudad comunicada. Pero mientras tenga que competir con el tráfico privado no podrá funcionar adecuadamente. Los atascos que se forman a las salidas y entradas de los centros escolares deben desaparecer. Para ello los padres sólo podrán acompañar y recoger a sus hijos en transporte público.

parecen no tener solución. Y si se acompaña a alguien será en transporte público. Estos transportes estarán en todas las vías principales, y no tendrán horarios espaciados, por lo que disfrutaremos de servicio continuo, en los que no se darán estos atascos, con su contaminación y tiempo perdido.

Por cierto, para desplazarme procuro utilizar el transporte público siempre que es posible. Pero ya saben: no funciona muy bien, no hay muchas líneas, tiene un horario restringido, se paraliza por los atascos, no es barato y encima tardo más. Pero todo esto puede cambiar.

1. ¿Por qué?

Hacernos esta simple pregunta puede cambiar nuestra percepción de la realidad. La mejor forma de progresar es preguntarnos continuamente por qué lo que nos rodea es como es, y si podemos hacer algo por perfeccionarlo. Sin este espíritu inquieto no nos encontraríamos en el nivel de desarrollo que disfrutamos actualmente.

Somos una especie que tenemos la capacidad de mejorar nuestra calidad de vida. Desde que surgimos en la faz de la tierra hemos desarrollado unas civilizaciones que cada vez han ofrecido mejores condiciones y oportunidades a sus ciudadanos. Gracias a nuestra cultura y tecnología hemos avanzado enormemente, aunque desgraciadamente también hemos creado nuevas formas de hacer el mal a los demás. Y el progreso ha sido a costa de la explotación de seres humanos y de la degradación del medio natural. Actualmente parece que estamos buscando otro tipo de progreso, en el que se respeta tanto al individuo como a la naturaleza, aunque todavía nos queda mucho que innovar.

Por otro lado, tenemos una gran capacidad de adaptación. Somos capaces de soportar condiciones adversas, y sobreponernos a circunstancias sobrecogedoras. De hecho, muchas veces somos capaces de convivir durante mucho tiempo en situaciones de clara injusticia o degradación. Y hasta hemos aceptado el hecho de vivir en ciudades incómodas, congestionadas y altamente contaminadas.

Hemos aprendido a aceptar la aceleración de nuestra civilización debida a la tecnología, que aplicada adecuadamente aporta beneficios ni siquiera imaginados hace poco tiempo atrás.

Aceptamos la tecnología de tal forma que ya ni siquiera nos preguntamos cómo y por qué funcionan los instrumentos que utilizamos a diario. No sabemos su complejidad real, pero tampoco nos importa demasiado con tal de obtener sus beneficios. Y si algo se estropea no hace falta arreglarlo, pues resulta más sencillo adquirir uno nuevo.

Las aplicaciones más importantes de las nuevas tecnologías se han dado en la industria, la medicina, los transportes y las telecomunicaciones. El siglo XX ha sido fascinante en todos estos campos, y el siglo XXI está resultando increíble. Tenemos la sensación que cada vez los avances científicos y tecnológicos surgen más rápido, haciendo cambiar la sociedad a un ritmo vertiginoso.

Apenas tenemos tiempo de asimilarlos, y muchos de ellos quedan fuera de la comprensión de las generaciones más mayores. Sin embargo los niños y jóvenes las absorben como si hubieran existido desde siempre.

Esta invasión tecnológica de nuestras vidas apenas nos deja tiempo para meditar hacia dónde nos está llevando. Se presupone que nos mejorará nuestra calidad de vida, cómo siempre ha hecho el progreso. Pero la realidad no es así.

A lo largo de la historia todo adelanto tecnológico ha traído consigo problemas sociales o ambientales que han tenido que ser resueltos. Muchos de ellos era imposible conocerlos de antemano, pero otros fueron evidentes desde el principio, y se miró hacia otro lado hasta que las consecuencias fueron demasiado graves para ignorarlas. Esto es lo que estamos sufriendo hoy en día con problemas a escala mundial como el calentamiento global, el agujero de la capa de ozono, la pérdida de biodiversidad y la pobreza. Los gobiernos han mirado hacia otro lado, e incluso han tratado de ocultar las evidencias, hasta que la realidad se ha impuesto. Y aunque tenemos problemas locales de importancia, ya tenemos que pensar a nivel global antes de actuar a nivel local.

La tecnología es imprescindible para poder seguir mejorando, pero debemos reflexionar hacia donde queremos ir. De nada nos sirven los adelantos tecnológicos si no los aplicamos adecuadamente para mejorar nuestra calidad de vida y la de nuestro planeta. Debemos planificar nuestro futuro, porque esa es la única forma de alcanzarlo.

Desde niños sentimos fascinación por conducir, imitando a nuestros padres.

Desde finales del siglo XIX el vehículo a motor ha transformado nuestra vida, e incluso la realidad de nuestras poblaciones. La necesidad de contar con un medio de transporte rápido y eficaz ha hecho que hayamos permitido que toda nuestra vida se haya configurado alrededor de la posesión de los vehículos. No podemos concebir la realidad actual de nuestra civilización sin los automóviles.

Desde su aparición hasta hoy en día han sufrido innumerables modificaciones y mejoras, y en poco se parecen a los primeros automóviles que rodaron por nuestras calles.

No cabe duda que es un instrumento maravilloso. Nos ha permitido aumentar nuestro radio personal de acción hasta límites insospechados en el siglo XIX y anteriores. Nadie tuvo la capacidad de adivinar que en este siglo gran parte de la población mundial disfrutaría de un método tan eficaz de desplazamiento.

Pero este adelanto tecnológico ha tenido graves consecuencias sociales y ambientales, que todavía no hemos sido capaces de resolver. Y al mismo tiempo hemos diseñado nuestra vida de tal forma que es impensable ni siquiera suponer que podríamos vivir sin vehículos en las calles.

Y a pesar de los muertos y heridos, de la contaminación a nivel local y mundial, de los problemas de espacio en las ciudades, y de toda la problemática del tráfico, seguimos considerando que la posesión del vehículo es uno de nuestros objetivos en esta vida.

En base a la existencia del tráfico rodado existe una extensa red económica que abarca a buena parte de la sociedad. De hecho, la industria automovilística es una de las más importantes del mundo. Es un grupo de presión política importantísimo, que influye en todos los estados del mundo. Buena parte de las familias de los países civilizados dependen directa o indirectamente de la existencia del automóvil.

El automóvil forma parte de nuestra sociedad como un elemento de primer orden. Los problemas que genera esta realidad son enormes, nos afectan tanto personalmente en el día a día como a escala mundial y a largo plazo. Tanto los países del primer mundo como del tercer mundo se ven afectados gravemente. Pero nos hemos acostumbrado a ellos. Los vemos como un mal necesario, pues consideramos el automóvil imprescindible. Y cerramos los ojos a los problemas dejándolos de lado, pero no se van a esfumar. Debemos conocerlos a fondo y combatirlos, si queremos que nuestra calidad de vida siga mejorando.

Ante toda esta realidad tenemos que ser conscientes de que la planificación del tráfico rodado que se está haciendo actualmente no nos llevará a ningún sitio, porque no se incide en el verdadero problema: el tráfico no tiene solución. Sólo interiorizando esta realidad podremos tomar medidas eficaces.

Tenemos que replantearnos todo nuestro esquema social y vital para poder solucionar de verdad la problemática del tráfico. Y para ello debemos volver al origen del automóvil y preguntarnos algo tan simple como ¿Por qué existen los automóviles? ¿Por qué ese instrumento se ha metido tanto en nuestras vidas, transformando nuestra sociedad? La respuesta está clara, está implícita en la propia palabra automóvil y todos la conocemos: con el automóvil satisfacemos la necesidad del ser humano de trasladarse seguro de un lugar a otro rápida y eficazmente de forma autónoma. Esta es la finalidad de todo automóvil.

Los servicios de urgencia deben lidiar diariamente con el tráfico privado para poder actuar con rapidez y eficacia. Un minuto de retraso de una ambulancia pude suponer la diferencia entre la vida y la muerte, y nadie se merece morir por esta razón.

Sin embargo, la expansión del automóvil dentro de nuestras ciudades ha hecho que sea imposible cumplir con esa finalidad.

Y ahora hemos perdido el Norte. Tenemos tan interiorizado el automóvil, que pensamos que es un fin en si mismo. En realidad es sólo un medio de transporte, aunque lo hayamos entronado como parte esencial de nuestro proyecto de vida. Y por no perderlo tratamos de minimizar los problemas, poniendo en práctica soluciones parciales, siempre que no pongan en peligro el uso del automóvil. Cada vez que se plantea limitar su uso surge una oposición poderosa de muchos sectores sociales que impiden limitaciones drásticas.

Pero, si es una herramienta que sólo lleva con nosotros algo más de cien años, ¿Por qué dejamos que su uso nos paralice la capacidad de mejora de nuestra sociedad y de la configuración de nuestras ciudades? No cabe duda que las razones económicas tienen bastante responsabilidad, pero también es debido a que el automóvil nos cubre muchas necesidades, algunas reales, y otras creadas artificialmente para satisfacer nuestra eterna búsqueda de la felicidad.

Un automóvil no es un medio de transporte solamente, sino que nos aporta poder, independencia de los demás, seguridad, realza nuestra posición social y un largo etcétera que lo hacen un instrumento aparentemente insustituible.

Mi pregunta es: ¿Qué futuro queremos? La utilización masiva del vehículo privado como medio de transporte nos ha llevado hacía una sociedad donde el automóvil es el verdadero protagonista de las ciudades, relegando a los ciudadanos a un segundo plano. Y ese no quiero que sea nuestro futuro.

Debemos recuperar el control sobre nuestras ciudades, y convertirlas en lo que siempre han debido ser: espacios de vida para los ciudadanos.

Para ello debemos reorientar nuestra realidad actual hacia un proyecto global en el que el ciudadano sea el verdadero protagonista, y en el que los automóviles ocupen el lugar que les corresponde, como medio de transporte seguro y eficaz, pero sin que nos coarte nuestra libertad para disfrutar de nuestras ciudades. Porque hemos llegado un punto en que somos verdaderos esclavos de esta Sociedad del Automóvil.

La presencia del automóvil también limita el desarrollo ordenado y eficaz del resto de nuestra vida y de la planificación de las ciudades, y con su presencia se obstaculizan los servicios básicos y de emergencia, como la policía, los bomberos y las ambulancias.

Para lograr un futuro ecológicamente sostenible y mejorar nuestra calidad de vida debemos establecer una estrategia en la que el principal objetivo sea lograr lo que no hemos logrado con el automóvil: trasladarnos seguros de un lugar a otro rápida y eficazmente de forma autónoma. Ojalá este libro ayude en algo a conseguirlo.

2. Características del modelo insostenible actual

Aunque el enfoque optimista es el único que realmente nos ayudará a avanzar en la solución, quiero dedicar este capítulo a desmenuzar detenidamente los aspectos del modelo actual, haciendo hincapié en todos los problemas que genera, y que están afectando gravemente al medio ambiente y a nosotros mismos. Como el ave fénix, sólo podremos resurgir de nuestras cenizas; necesitamos conocer todos nuestros errores para poder solucionarlos. Sólo siendo conscientes de lo que no nos gusta, podemos reflexionar sobre lo que sí queremos, y después buscaremos la forma de cambiar lo negativo en positivo.

Andar es fácil, lo importante es saber hacia dónde.

Algunos datos preliminares

Desde que surgió el automóvil como medio de transporte, este se introdujo en la ciudad. Aunque hubieron otros intentos, el primer automóvil (móvil autopropulsado) era a vapor y apareció en 1769, gracias a Cugnot. En 1885 gracias a la genialidad de Daimler y Benz, comienzan a fabricarse los motores a explosión montados sobre una estructura móvil. Algunas de sus ideas son básicas incluso en los automóviles de hoy. Así era posible desplazarse desde una punta a otra de la urbe en poco tiempo, aunque realmente los primeros viajes se realizaron entre ciudades. Ya a principios del S. XX existían más de 30 marcas de vehículos, la mayoría en Inglaterra y en Francia. También España participó en esos primeros años, con la empresa Hispano Suiza. En 1908 Durant crea General Motors en Estados Unidos, y posteriormente con William Ford y su proceso industrial de producción en serie se produjo una verdadera revolución. Fue precisamente él quien recibió la primera licencia de conducir del mundo, para poder circular por Detroit. Pero rápidamente empezaron a surgir los problemas derivados de esta invasión: ruido excesivo, velocidad, accidentes mortales, falta de espacio, contaminación. Sin embargo el vehículo se ha convertido indiscutiblemente en el medio de transporte más utilizado.

Y así hemos llegado al día de hoy, con un parque automovilístico mundial de 750 millones de vehículos, y la previsión es de unos 1000 millones en 2025 con un crecimiento igual al actual. Según la Asociación Española de Fabricantes de Automóviles y Camiones (AFNAC) en España existían 25 millones en 2004, y con una tasa de crecimiento medio del 4% anual (que está aumentando en la actualidad). Cada año se están matriculando una media de 1,7 millones de vehículos nuevos. A este ritmo, en el año 2025 habrá aproximadamente 46 millones (y creo que me estoy quedando corto). Y aunque la crisis del 2008 haya hecho descender las ventas drásticamente, y por lo tanto las previsiones de crecimiento son menores, existen ya demasiados millones de vehículos en las carreteras. Las marcas tratan de aumentar sus márgenes de ventas anualmente, fomentando el cambio de vehículo, pero aún así todavía el 30% tienen más de 10 años. ¿Dónde vamos a meter tantos vehículos?, ¿Dentro de aparcamientos públicos o privados en la ciudad?, ¿Qué vías diseñaremos para soportar semejante parque automovilístico? La respuesta a todas estas preguntas es sencilla: no caben, porque el tráfico no tiene solución. Los atascos que padecemos ahora son ridículos comparados con los que nos esperan. Sólo tenemos que ver los graves problemas que poseen las ciudades de otros países con mayor desarrollo tecnológico, no nos hace falta cometer los mismos errores que ellos. La contaminación ambiental (incluyendo el ruido) se duplicará aunque cambiemos el tipo de combustible por otro más "limpio". La ocupación del espacio por los vehículos y carreteras seguirá impidiendo el desarrollo de las ciudades. Los problemas directos e indirectos se multiplicarán. Ese es el futuro que nos espera. ¿Es ese el futuro que deseas? Yo no.

Un poco de historia hacia un modelo de vida

El vehículo es algo más que un medio de transporte. Cuando comenzaron a rodar los primeros vehículos, se comentaba que eran máquinas del diablo, y que sólo se montaban en ellos los que estaban algo locos. Y es que como el caballo no había nada, sin tanto ruido ni humo. Hasta entonces la mayoría de la población no disfrutaba de transporte propio. Sólo en el ámbito rural se tenían animales, pero sus usos principales eran las labores del campo. También se utilizaban como transporte, pero no todos podían disponer de ese lujo.

Poco tiempo después, el vehículo comenzó a convertirse en un símbolo de posición social, de estatus. Ese significado se ha mantenido hasta hoy en día. Entonces sólo los ricos tenían vehículo, y si lo tenías estabas dentro del círculo de los más afortunados.

Pero la fabricación en serie y el consiguiente abaratamiento de los precios cambiaron ese concepto. Ahora cualquiera podía tener un vehículo privado. Lo que hasta ese momento había estado reservado a los poderes políticos y económicos, se distribuyó rápidamente a todas las clases sociales. Y si antes era imposible ahorrar el dinero para poder comprarlo, ahora se podía gracias a los préstamos. Se creó una verdadera economía alrededor de la venta de automóviles. Desde ese momento hemos sido millones de personas los que hemos podido adquirir un vehículo gracias a que alguien nos ha prestado el dinero, con sus respectivos intereses. Sin duda la venta del Ford T, unos 15 millones de unidades, supone el mejor ejemplo de la universalización del automóvil.

No todos los vehículos son iguales. El vehículo es algo más que un medio de transporte. Lo utilizamos para distinguirnos de los demás, para definir nuestra posición en la sociedad. De hecho por ellos pagamos a Hacienda el impuesto de lujo. Tratamos de escoger la marca y el modelo que más se acerque a lo que queremos comunicar. Las marcas de automóviles generan una publicidad determinada que las distinga, que las identifique, que nos permita sentirnos parte de algo, integrarnos en una determinada comunidad. Nos venden la felicidad.

Y mientras todo esto ha venido sucediendo, y mientras se desarrollaba una Economía del transporte privado, los verdaderos problemas se iban incrementando, convirtiéndose el siglo XX en la Era de los transportes. De hecho, el paisaje urbano se fue configurando en función del uso del automóvil, que sustituyó al ser humano como elemento fundamental de la ciudad. El espacio común de las ciudades se le asignó al automóvil, restándolo a las zonas verdes, a las plazas, a las vías peatonales. El crecimiento demográfico y su desplazamiento hacia las grandes urbes propició el crecimiento del parque automovilístico dentro de las ciudades, y por muchas medidas que se han tomado, éstas se colapsan sin remedio. Y entonces ha surgido la tendencia de vivir en los extrarradios, creándose verdaderas ciudades dormitorio, gracias a que disponemos de un vehículo para desplazarnos a largas distancias. De esta periferia salen diariamente los ciudadanos a trabajar a la ciudad, muchos con su vehículo, con lo que también se colapsan las vías de entrada a las urbes.

Muchas batallas perdidas, pero la guerra continúa

La lucha entre el hombre y la máquina ha sido larga, y dolorosa. A los que se atrevían a levantar la voz en contra del automóvil se les tachaba de anticuados, de antiprogresistas. Y todos sus argumentos han sido diluidos, descafeinados, desbaratados concienzudamente por las falsas soluciones que nos han aportado estados y empresas. Veamos tres ejemplos.

- La falta de seguridad. Ante la alarmante cifra de accidentes, han sido muchos los que han alzado la voz contra los vehículos.

Poco a poco se empezaron a tomar medidas para mejorar la seguridad de los automóviles, y eso que durante años las grandes marcas trataran de boicotear los intentos de introducir medidas de seguridad, como el cinturón de seguridad, porque aseguraban que si las ponían estaban anunciando al mundo que sus vehículos eran peligrosos. Pero cuando vieron que las ventas de los vehículos más seguros aumentaban, entonces se lanzaron de lleno a investigar e introducir medidas de seguridad, hasta llenarlos de elementos pasivos y activos, todos con nombres a base de abreviaturas muy modernas. Y tanto los estados como las empresas han fomentado la venta de automóviles, con el objeto de renovar el parque automovilístico, que realmente se estaba quedando obsoleto, aumentando la inseguridad de las carreteras. Han llegado al punto de cambiar la estructura del mercado, porque antes quién se compraba un automóvil era a largo plazo, y ahora es un objeto de consumo que hay que renovar periódicamente.

Desde el principio todos los estados crearon licencias o permisos de conducir, que se los otorgaban a personas "capacitadas" para la conducción. A medida que el tráfico fue aumentando y con él las normas y los accidentes, llegó el momento de establecer un sistema educativo que obligara a todo el que quisiera conducir a conocer las normas de tráfico, y así surgieron los exámenes, y posteriormente las academias, con lo que se generó otra fuente de ingresos. Y como era obvio que muchos ciudadanos incumplían dichas normas, poco a poco se fue instaurando un sistema que penalizara a los infractores, a base de multas y penas de cárcel, con la esperanza de que el efecto disuasorio funcionara. Pero no funcionó. Y así, mientras los vehículos son cada vez más potentes, las normas restrictivas se aumentan, y se mantiene la presión por que adquiramos un vehículo mejor.

Y ahora resulta que los vehículos son tan seguros, y todos estamos tan bien formados, que no debería haber muertos ni heridos. Pero como los sigue habiendo, nos han hecho creer que si la culpa no es de los vehículos, tiene que ser de los conductores. Un nuevo problema a resolver. Para ello se invierten todos los años muchos millones en publicidad para que conozcamos las medidas coercitivas, los problemas de conducir bajo los efectos del alcohol y otras sustancias, las consecuencias de los accidentes, y para inculcarnos una conducción responsable.

Es cierto que existe una cultura muy arraigada en los pueblos de conducción prematura, en la que los chicos (más que las chicas) comienzan a conducir desde los quince años o antes, sobre todo para ayudar en las labores del campo. Pero después se hacen mayores, y ya "saben conducir perfectamente", por que muchas personas conducen sin carné durante años, a y a medida que se hacen mayores, menos ganas tienen de pasar por la autoescuela. Por eso la vigilancia policial debe ser constante.

A pesar de todas estas medidas que he comentado, los accidentes se siguen produciendo. Y nos hacen creer que la culpa es del conductor.

-La falta de espacio en las ciudades. El vehículo dentro de la ciudad ocupa un espacio, y además, necesita otro espacio para desplazarse. Para evitar las protestas al respecto, se han desarrollado varias estrategias. Los vehículos los están fabricando más pequeños, más redondos, optimizando el uso del espacio. También los han dotado de mejor dirección, más suave y eficaz, que disminuye el tiempo de aparcamiento. También

Como las rotondas ocupan mucho espacio desaprovechado, se suelen utilizar para colocar jardines, pero que no serán disfrutados por los ciudadanos, pues no podrán acceder a ellos. Se tratan de zonas verdes pero sólo desde el punto de vista paisajístico.

han promocionado la utilización de transportes más pequeños, como motos y ciclomotores, que son más baratos y ocupan menos espacio.

Todos los problemas de espacio y diseño del tráfico se ven agravados por la orografía, por el espacio útil disponible. Como ejemplo las ciudades dentro de valles, rodeadas de ríos, o en lugares limitados, como penínsulas o islas.

Las rotondas son un ejemplo de planificación general para mejorar la circulación. Aunque ya existían desde hace bastante tiempo en algunas ciudades, desde hace diez años se ha generalizado su uso como "solución milagro" para resolver los atascos en los cruces, y evitar colocar semáforos. Y han funcionado, pero no pueden evitar el colapso del tráfico en horas punta. Además, ocupan demasiado espacio y son barreras infranqueables para los peatones, que deben bordearlas.

Se han creado vías principales más grandes, tanto para la entrada como para la salida. Además, han construido innumerables aparcamientos públicos y privados, aparcamientos subterráneos que no restan espacio a la ciudad. Durante muchos años las administraciones hicieron la vista gorda cuando un edificio se construía sin garajes, aunque aparecieran en el plano; pero ahora llevan un control exhaustivo para aumentar así las plazas de aparcamiento. Y en las urbanizaciones se habilitan explanadas para aparcamientos.

La desorganización que producen los vehículos estacionados, hace que haya una pérdida de libertad de movimientos para las personas, y la aparición de innumerables obstáculos con los que el ciudadano de a pie tiene que luchar diariamente, adoptando unos comportamientos no usuales, y aumentando el riesgo de accidente. Los atropellos se suelen producir por la aparición inesperada del vehículo o del peatón. Un peatón que no pueda cruzar por su paso de peatones

El espacio que hay que reservar para el tráfico privado dentro de las ciudades las limita y coarta, como las grandes rotondas.

En las entradas a las ciudades se desaprovecha mucho espacio para permitir un tráfico fluido, pero en horas punta se colapsa igualmente.

porque hay un vehículo aparcado, buscará otro lugar por el que hacerlo, aunque suponga un riesgo. Esquivar los vehículos mal aparcados es una actividad diaria para cualquier peatón. Porque no sólo ocupan los pasos de peatones, sino también las aceras, las puertas de garaje, las calles peatonales y cualquier lugar donde su conductor lo deje, sin ser consciente de todos los problemas que generan a los demás con su actitud.

La existencia de vehículos estacionados y/o circulando por nuestras calles impide que disfrutemos de verdad de nuestras vías, de nuestro barrio, de nuestra ciudad. La pérdida de espacio físico nos resta la posibilidad de tener en nuestra propia calle zonas de juego para nuestros hijos, bancos para descansar, zonas de paseo, zonas verdes, espacio para actividades lúdicas, etc. Aparte de esto, también perdemos calidad de vida como ciudadanos, porque podemos disfrutar de menos servicios y que estos sean más lentos. La efectividad del reparto del butano y otras mercancías, la recogida de basura más rápida y con más espacio para contenedores y en mejor ubicación, los servicios de emergencia. Todo está limitado por el tráfico privado.

Hay campañas promovidas por las administraciones públicas para la recogida de los vehículos abandonados que tantas plazas de aparcamiento ocupan. Para agilizar el tráfico en

Las motos se imponen como la solución a los atascos y a la falta de espacio para aparcamiento. Pero también son vehículos a motor, tienen un alto riesgo de accidente, contaminan química y acústicamente, y ocupan espacio lugares habilitados para peatones. Y los aparcamientos específicos para ellas limitan otras actividades. En una ciudad comunicada no deben existir vehículos privados, incluidas las motos.

las zonas más concurridas, han creado zonas de aparcamiento con tiempo limitado, para permitir que todos hagamos nuestras gestiones rápidamente. Potencian los transportes públicos, como el taxi, autobuses, tranvía, metro, etc., con la finalidad de que algunos dejemos el vehículo en casa, y así otros tengan más espacio.

Los taxis son de los elementos de la circulación que más entorpecen el tráfico, debido a que se detienen en cualquier lugar de la vía, y en

Aparcar "sólo un momento" en las salidas de los garajes es práctica habitual en nuestras ciudades

Los taxis suponen un estorbo a la circulación y su fluidez, y no suponen ninguna mejora para la "ciudad comunicada".

Las paradas de taxis suponen una ocupación de espacio, y muchas veces entorpecen el tráfico, pues suelen haber más vehículos que espacio disponible. Las colas de taxis en determinados lugares suponen un problema en algunas ciudades.

La ordenación del tráfico en un área sólo crea nuevos atascos en otras zonas de la ciudad.

cualquier momento. No importa si el semáforo está en verde, o si se paran justo en un cruce. Parece que tienen patente de corso para detenerse, avanzar o estacionarse. Y además cobran con dinero en efectivo, retrasando aún más la circulación. Además, las paradas de taxis, llenas de vehículos esperando a los clientes, suponen un despilfarro de espacio.

Para evitar el entorpecimiento de los transportes públicos, se han creado carriles exclusivos y paradas específicas. No permiten aparcar en determinadas vías para permitir un tráfico más fluido, y los guardias vigilan que la normativa se cumpla. Se ha potenciado el transporte público, y se han realizado campañas para que lo utilicemos. Además, se ha estructurado la circulación de forma que haya menos atascos.

Como lo que prima es el uso del automóvil, a las personas con movilidad reducida se les facilita que conduzcan y aparquen. Así se establecen aparcamientos para "minusválidos" en los centros comerciales en las mejores zonas. En las vías públicas, se les reservan plazas de aparcamiento sólo para ellos, facilitándoles que aparquen cerca de sus viviendas. Con ello lo único que logramos es fomentar el uso del vehículo privado, en vez de modificar los transportes públicos para que sean totalmente accesibles, e infrautilizar el espacio. Y las personas sin problemas de movilidad son multadas cuando ocupan estos lugares tan valiosos.

Se realizan campañas para promover una conducción más responsable, más respetuosa, para que evitemos usar el vehículo para desplazamientos cortos, para que no lo aparquemos mal, para que no lo usemos en horas punta, etcétera.

Sin embargo nada de esto funcionará de forma eficaz y a largo plazo. Y nos hacen creer que la culpa es del conductor.

- El automóvil contamina. Las emisiones de gases a la atmósfera, los residuos generados (aceite, gomas, repuestos) y el ruido son los principales problemas ambientales directos del vehículo. A estos hay que añadir los indirectos, como

Los aparcamientos exclusivos para personas con movilidad reducida son imprescindibles mientras se esté fomentando erróneamente el uso del vehículo privado, pero son espacios innecesarios en una ciudad comunicada en la que no exista tráfico privado.

La presencia de gasolineras a lo largo de toda la red de carreteras es imprescindible para mantener todos los vehículos en circulación. Su existencia supone problemas ambientales y de seguridad, puesto que dependen exclusivamente del suministro de combustible y otros artículos que le hagan llegar.

la extracción de las materias primas, la fabricación de los componentes, la contaminación de proceso de creación del automóvil, del transporte antes de la venta, la ocupación y división del espacio que producen las carreteras, su fabricación, la contaminación del proceso de extracción del petróleo, su refino para convertirlo en carburantes útiles, el transporte de los mismos hasta las gasolineras y muchos más. Y todo esto sin hablar de sus consecuencias globales, como el calentamiento global, aumento del efecto invernadero, la contaminación de las aguas, la lluvia ácida, y un largo etcétera.

Durante muchos años la contaminación producida por los vehículos fue considerada como un mal menor, como un inconveniente que teníamos que soportar a cambio de disfrutar con nuestro vehículo. De hecho, salvo por los humos de algunos vehículos o el ruido de las pitas en un atasco, realmente no somos muy conscientes de la contaminación que estamos produciendo.

Primero llegó la gran crisis del petróleo, que tambaleó los cimientos del modelo económico basado en él, abriendo paso al estudio y ensayo de energías alternativas. Pero después los problemas ambientales fueron tan evidentes, y afectaron tanto a escala local como global, que la opinión pública, cada vez más sensibilizada con temas medioambientales, comenzó a plantearse la viabilidad del transporte privado.

Para reducir todos estos efectos sobre el medio, los estados y fabricantes de vehículos han llevado a cabo varias estrategias. Cada vez fabrican vehículos más efectivos energéticamente, que poseen mayor potencia pero menor consumo. Salvo en algunos países, donde el carburante es tan barato que ni se plantean cuanto consume un vehículo. Los vehículos de los últimos años realizan una combustión más limpia, con menos residuos. A esto hay que unir la implantación de los catalizadores, para evitar la emisión de determinados gases, lo que obligó a la distribución de gasolinas sin plomo en todas las gasolineras. Los vehículos son más aerodinámicos, y los neumáticos permiten un mejor agarre con menor perdida energética por rozamiento. Con estos avances, se ha logrado que un vehículo de hoy contamine hasta un 35% menos que uno de hace 20 años.

Nos han dado la opción de adquirir un vehículo diesel. Hasta hace veinte años sólo los vehículos grandes y los 4x4 de aquella época utilizaban diesel. Se consideraba un combustible sucio, que producía mucho hollín, con unos motores de bajas prestaciones de aceleración, lo que los hacía prácticamente inútiles para su uso en la ciudad. Pero ahora son una opción aconsejable. Consumen menos, el combustible es más barato, y los nuevos motores de inyección ofrecen excelentes prestaciones.

Y nos prometen nuevos vehículos todavía menos contaminantes, con nuevos carburantes, como el hidrógeno, y con motores híbridos, que no sólo disminuirán el consumo actual en más de un 50%, sino también la contaminación.

También las empresas han mejorado su gestión ambiental, planificando todos los procesos de forma que contaminen lo menos posible, implantando Sistemas Integrales de Gestión de Calidad y de Gestión Ambiental (normativa actual ISO 9000 e ISO 14000, y otras muchas). Han reducido sustancialmente la contaminación que se produce en la fabricación de cada vehículo, utilizando incluso materiales reciclados en su montaje. Han abierto con transparencia sus fábricas a las administraciones para que controlen los procesos contaminantes, y han dado a conocer al gran público sus políticas ambientales.

Los talleres mecánicos no son tampoco lo que eran. Ahora llevan un control riguroso de todos sus residuos, y son responsables de su reciclaje. Cada vez los vehículos son más electrónicos, y se puede optimizar su mantenimiento con un coste ambiental menor. Se fomenta que los conductores realicemos un mantenimiento periódico del vehículo, para evitar averías imprevistas y un mayor consumo y contaminación.

También los desguaces han cambiado. De simples vertederos de vehículos viejos, se están transformando en verdaderos centros de reciclaje donde se clasifican todos los elementos de un vehículo, y se les da el uso más apropiado. Gracias a una normativa muy estricta, estamos asistiendo al cierre del ciclo del reciclaje de vehículos, puesto que las empresas fabricantes deben llegar a acuerdos de gestión ambiental con los desguaces.

Por último, se realizan campañas del uso responsable del vehículo. Porque con nuestro comportamiento podemos hacer mucho para contaminar menos. Medidas como subir las ventanillas, no abusar del embrague, no acelerar bruscamente, no ir demasiado rápido, no usar en exceso el aire acondicionado, aprovechar las ofertas especificas para comprar un vehículo más limpio (plan prever, etc.), y otras muchas que tenemos que tratar de seguir para ser lo más respetuosos posible con el medio ambiente. Llevándolas a cabo nos sentimos bien, orgullosos de nuestro vehículo y de nosotros mismos, y además lo notamos en nuestro bolsillo. Que más se puede pedir.

Sin embargo nada de esto funcionará de forma eficaz y a largo plazo. Y nos hacen creer que la culpa es del conductor.

The Car Way of Life. Nuestro modelo de vida

Por si no lo saben, nuestro vehículo cuando está aparcado se considera como un objeto abandonado en la calle. Por supuesto tiene dueño, pero sólo gracias al permiso de circulación podemos desplazarlo y dejarlo en un lugar. En ningún caso podemos considerar que el lugar donde aparcamos es nuestro por tener nuestro vehículo en él (aunque algunos conductores piensen lo contrario). Se considera una ocupación temporal, y no es delito que otra persona lo desplace a otro lugar, siempre que no lo dañen o lo hagan desaparecer con fines lucrativos.

Sin embargo ese trozo de tecnología forma parte imprescindible de nuestra vida. Cuando no lo teníamos, usábamos el autobús y caminábamos mucho, pero eso era cuando éramos más jóvenes. En cuanto pudimos tener un vehículo, no perdimos la oportunidad. Y ahora estamos totalmente enganchados a él. Nuestro nivel de vida está condicionado a su posesión. Si lo perdemos, todo nuestro esquema de existencia se altera. Hemos alcanzado un nivel de dependencia tal que no podemos concebir el día a día sin él.

Muchas de las decisiones más importantes que tomamos, como donde vivir, o donde trabajar, dependen exclusivamente de la posesión de un vehículo. Y la mayoría de nuestras actividades diarias las realizamos en función de él. Incluso nuestras compras y la forma de disfrutar de nuestro tiempo libre. Somos pocos los que teniendo vehículo utilizamos el transporte público. Sólo lo hacemos si realmente sabemos que va a ser inútil coger el vehículo.

Cuando tenemos que llevar el vehículo al taller, o se nos estropea por varios días, el mundo se nos cae abajo. Tenemos que modificar toda nuestra planificación semanal, y nos sentimos atados, paralizados, débiles e indefensos. Ya sea gracias a conocidos o familiares tratamos de conseguir un vehículo para esos días, o terminamos alquilándolo. Sin embargo, jamás nos planteamos la posibilidad de vivir sin vehículo, aunque somos conscientes del enorme gasto que suponen al año: seguro, impuestos, combustible, neumáticos, repuestos, averías, grúas, multas, aparcamientos de pago, etcétera. ¿Ha realizado el cálculo alguna vez? Se lo recomiendo, le va a sorprender.

Ya no es aquel objeto de lujo de los primeros años del automóvil. Ahora es una herramienta, una parte más de los objetos imprescindibles en nuestra vida, como la nevera o el televisor (bueno, sobre este último tengo mis dudas). Sin embargo, cuando lo compramos seguimos pagando el impuesto de lujo a la administración. Deberían cambiar el nombre a ese impuesto, porque resulta absurdo pagar una tasa por poseer un objeto de lujo cuando en realidad no lo es. ¿Acaso no todo el mundo que puede se compra un vehículo, o está en sus aspiraciones tenerlo?

Desde antes de cumplir la edad reglamentaria, todos los padres convencen a sus hijos para que se saquen el carné de conducir, aún a sabiendas que va a suponer un desembolso importante, porque las autoescuelas no son baratas. Y ya desde varios años antes los chicos y chicas tienen sus preferencias, conocen las marcas, la potencia, las prestaciones.

Son pocos los que lo dejan para más adelante, y siempre con la esperanza de tener el suficiente tiempo y/o dinero para sacarlo. Después viene el primer vehículo, prestado de los padres o un viejo cacharro jaquecoso. También ahí quién se lo compra nuevo, y ya no lo abandona jamás.

Deseo resumir en una sola frase este capítulo, para enfrentarnos de verdad con el problema: aunque no lo queramos reconocer, somos adictos al automóvil.

Y ahora que sabemos nuestra situación, mis interrogantes son: ¿Qué nos ofrece que es tan irrenunciable?, ¿Qué tiene de negativo para nosotros?, ¿Cómo hemos llegado hasta aquí?, ¿Por qué somos incapaces de concebir la vida sin el automóvil?, ¿Existe alguna forma de desintoxicarnos?, ¿Realmente queremos vivir sin vehículo?

3. ¿Qué nos ofrece que es tan irrenunciable?

Los beneficios de poseer un automóvil

Son tantos los beneficios personales que nos ofrece conducir un vehículo, que lógicamente nuestra dependencia aumenta a medida que pasan los años, hasta el punto que nuestra vida la terminamos planificando en función del automóvil, y ya se convierte en un bien irrenunciable.

Nos ofrece independencia temporal y espacial. El tiempo y el espacio de una persona se ensanchan al poseer un vehículo, y además se vuelve impredecible. Resulta difícil conocer la posición exacta de alguien que puede desplazarse hasta 700 Km. sin detenerse y además se mueve a 120 Km./h. Esa capacidad tan poderosa nunca antes había estado a disposición del ciudadano. Y sabe como utilizarla. Hay personas que se desplazan medio país sólo para ir de copas, o para hacer una visita puntual. Y lo hacen en un aparato que es en realidad una proyección de ellos mismos, pues forma parte de su calidad de vida, de sus hábitos, de sus bienes más preciados, de su propia imagen. Es una extensión de su yo.

Veamos algunos ejemplos de sus beneficios.

- Se convierte en una herramienta que amplía nuestro abanico de posibilidades diarias. Cuando no lo teníamos, sabíamos que si íbamos a un lugar era para quedarnos algún tiempo, puesto que llegar resultaba lento y difícil. Por lo tanto, nuestras visitas eran largas, y aprovechábamos el estar en un lugar para hacer varias actividades, como gestiones, visitas, etc. De esta forma, disfrutábamos todo el día, sabiendo que no nos daba para más. Sin embargo, con el vehículo todo cambió. Ahora podemos ir de un sitio a otro rápidamente, por lo que también todas las visitas las realizamos de forma fugaz, aprovechando al máximo el tiempo. Hemos acelerado el ritmo de nuestra vida, con todo lo que ello conlleva.
- Nos permite ir más lejos en menos tiempo, aumentando nuestro radio de acción. Antes sabíamos hasta donde podíamos llegar físicamente en un día normal. Nos movíamos en un ámbito reducido, dentro de nuestro pueblo o ciudad. Si nos desplazábamos a otro lugar, era realmente una aventura, un verdadero viaje lleno de incertidumbre. Pero con el vehículo en nuestras manos, teóricamente podemos desplazarnos a casi cualquier lugar de nuestro país

Conducir produce una sensación de control y satisfacción que ayuda a sentirnos mejor.

Conducir no es sólo una obligación. Muchos disfrutamos al volante. La sensación de control, de velocidad, de poder desplazarnos a cualquier lugar. Y por hábito, estamos realmente enganchados al automóvil.

en cuestión de horas; es más, podemos irnos a otro país y volver en el mismo día. Allí donde haya una carretera, es posible llegar desde cualquier otro punto en poco tiempo. Esta característica nos hace sentirnos realmente ubicuos. Esta sensación de poder es irrenunciable. Aunque después nunca lo hagamos, y sólo usemos nuestro vehículo para desplazamientos habituales. Y las carreteras las desarrollan de tal forma que cruzan ríos, atraviesan montañas, unen países por el mar. Resulta increíble la red de carreteras que une todo el mundo.

- Permite desplazar varios elementos pesados a la vez, por lo que resulta imprescindible para profesionales y particulares que transporten objetos. Y esto aparte de los elementos obli-

Los túneles han supuesto una mejora notable en las comunicaciones, sobre todo en zonas con orografía abrupta, uniendo regiones geográficamente aisladas por montañas.

gatorios que tenemos que llevar, como triángulos, chaleco reflectante, luces de repuesto, gato, rueda de repuesto, documentación, etc. Así, en nuestro vehículo cabe de todo. Para los profesionales resulta de gran utilidad, puesto que convierten el vehículo en oficina y hasta en taller, y también en dormitorio y comedor eventuales. De hecho, termina convirtiéndose en una especie de trastero móvil, donde tenemos desde linternas con pilas agotadas hasta extintores caducados, pasando por bolsas de plástico o restos de compras. Al final, transportamos un montón de elementos inútiles pero que nos quitan espacio útil y además pesan, aumentando así el consumo del vehículo.

- También es imprescindible si nos vamos de vacaciones. Llenamos el vehículo a tope, con todo lo que supuestamente vamos a usar en nuestro destino. Y cuando ya está a tope, nos metemos todos en el vehículo, sin que quede un resquicio libre. Así, se convierte en una verdadera mudanza. Este comportamiento pone al límite de peso al vehículo, quita la imprescindible visibilidad del conductor, facilita la distracción y el cansancio, y en definitiva, aumenta la probabilidad de accidente.
- Nos permite recoger a otras personas y trasladarlas. Esto en teoría, puesto que está demostrado que en el 80% de los vehículos viaja una sola persona. Pero tener la posibilidad de ir a buscar a alguien y poder llevarla a otro sitio nos hace sentirnos útiles e importantes. Podemos quedar con algún amigo o conocido en cualquier lugar y después llevarlo de vuelta a su casa o lugar de trabajo. Pero en realidad la mayoría de las personas con las que te relacionas también tienen vehículo, por lo que no es necesario. También podrías compartir los desplazamientos con tu pareja, haciendo en un solo trayecto dos recorridos, pero esto raramente es posible, porque tu pareja trabaja con un horario y en un lugar diferente al tuyo, por lo que es necesario tener dos vehículos o uno de ustedes va en transporte público.

El sobrecargar el vehículo en las vacaciones aumenta el riesgo de accidente.

- Nos permite aislarnos físicamente del exterior. Y más si tenemos garaje en nuestro propio edificio. Nuestro vehículo se convierte en un refugio, en el lugar más confortable del exterior. Nos subimos a él, y no importa si hace viento, lluvia, nieve o sol. Cuando llegan las estaciones climatológicamente más inestables, nosotros nos seguimos sintiendo seguros en nuestro vehículo. Realmente no nos altera nuestra planificación ningún cambio meteorológico, porque estamos cómodamente sentados en un espacio vital propio en el que podemos configurar nuestro propio ambiente: temperatura, música, luz, etc. Hemos conseguido crear un microcosmos a nuestra medida, y nos podemos envolver con él y llevarlo a donde queramos. De esta forma, muchas personas apenas caminan por la calle. Les resulta ruidosa, incomoda, sucia, no deseable. Y tienen muchas veces razón para pensar así. Muchas calles de nuestras ciudades poseen estas características.
- Nos permite reflejar nuestra posición social de forma directa. La adquisición de un vehículo es una necesidad. Pero realmente nunca compramos el vehículo que cubre nuestras necesidades de movilidad, sino el más caro, potente o prestigioso que podamos pagar. Es más, gracias a los préstamos nos embarcamos en la adquisi-

ción de vehículos mucho más caros de lo que nuestra economía se puede permitir.

Nuestro vehículo es parte de nosotros mismos, de nuestra imagen. Nos sirve para mostrar a los demás lo mucho que valemos, lo mucho que tenemos. Dejamos aparte otras necesidades básicas para adquirir un vehículo potente y caro que nos muestre como personas importantes. Y así poder mirar a los demás desde otro nivel, y que ellos sepan que los estamos mirando, y comparando con nosotros. El extremo de esta realidad se da en los barrios más pobres, donde podemos ver vehículos de lujo aparcados por fuera de verdaderas chabolas. Vehículos que sólo se utilizan a primeros de mes, cuando se cobra lo suficiente para llenarles el depósito. El resto del mes descansan bajo la atenta mirada de sus propietarios.

Y así podemos lucir nuestro vehículo en la familia, en el trabajo, al resto del mundo. Nos sirve para reafirmarnos cada mañana. Es un bálsamo para nuestra autoestima, aunque nos cueste pagar los recibos cada mes.

Estos comportamientos no son sólo responsabilidad nuestra, porque somos victimas de la publicidad y marketing de las empresas, que nos venden la felicidad personificada en cuatro ruedas. ¿Se ha fijado en cuantos anuncios de vehículos ponen en una sola hora de programación nocturna? Somos victimas de la idiosincrasia de la sociedad, que valora más al que más ostenta tener. Y eso provoca alegrías y frustraciones, que trasladamos a las siguientes generaciones.

- Nos permite exteriorizar nuestra agresividad permaneciendo en el anonimato. Todos tenemos doble personalidad, como ciudadanos a pie y como conductores. Y es que no somos los mismos con las manos en el volante. Generalmente nos volvemos más intolerantes, egoístas, arriesgados, malhumorados, irrespetuosos y agresivos. Resulta sorprendente comprobar como la mayoría de los conductores piensa que se conduce muy mal en su ciudad, menos ellos. Y también es asombroso comprobar las actitudes prepotentes y agresivas que adoptamos al volante. Las pitas, los gritos e insultos, gestos obscenos, los acelerones bruscos, son sólo ejemplos de nuestras actitudes/actuaciones diarias. Y no sólo de los conductores, también las realizan los acompañantes y los peatones. El tráfico nos pone en alerta de tal forma, que saltamos ante cualquier inconveniente, y lo hacemos sabiendo que es sólo una situación pasajera, y que rápidamente cada uno seguirá su camino y que nunca más se cruzarán. El anonimato nos protege. Comportamientos que nunca realizaríamos en un cara a cara directo, los hacemos protegidos por nuestro propio mundo, nuestro automóvil. Y ese estado de excitación nos acompaña cuando descendemos del vehículo, e influye en nuestras relaciones personales y profesionales. También el vehículo sirve para desahogar todos los problemas que nos surgen diariamente en otros ámbitos, permitiendo expresarnos libremente sin las trabas que nos impidieron hacerlo antes.

4. ¿Qué tiene de negativo para nosotros?

Los perjuicios para el ciudadano

No pretendo profundizar en todos los aspectos médicos que están relacionados con el tráfico de vehículos a motor por nuestras carreteras, tan sólo haré una aproximación a los que considero más relevantes, y que nos sirven para ser realmente conscientes de lo que nos está suponiendo la conducción diaria de nuestros vehículos.

Problemas derivados del sedentarismo

El ser humano como especie está diseñado por la evolución para poder recorrer hasta unos 26 kilómetros diarios sin dificultad. Ese es nuestro radio de acción teórico como ejemplares de Homo sapiens sapiens. Estos límites los superamos utilizando accesorios sobre los que nos desplazamos, sin realizar apenas esfuerzo. Al principio fueron animales, y las máquinas llegaron después. De hecho actualmente podemos dar la vuelta a la Tierra (unos 40000 Km.) en menos de un día.

Este desplazamiento físico ha supuesto una mejora indudable de movilidad personal. Pero el tiempo que antes utilizábamos desplazándonos a pie ahora lo realizamos sentados, sin consumo de energía. Y esto hace que una máquina perfeccionada por millones de años de evolución permanezca infrautilizada la mayor parte de su vida útil. No le sacamos el rendimiento necesario a nuestro cuerpo. No la entrenamos para optimizarla, y por eso se deteriora con mayor rapidez y se desajusta el metabolismo. Afortunadamente hemos desarrollado la ciencia de la medicina, con la que combatimos todas las enfermedades que directa o indirectamente son consecuencia del sedentarismo crónico que padecemos.

Por otro lado, la mejora en la calidad de vida en los países occidentales ha supuesto el acceso a una alimentación impensable hace sólo un siglo. Podemos disfrutar de todos los productos del mundo, tanto materias primas como alimentos elaborados. Pero en vez de suponer un avance en la alimentación de la población, está demostrado que cada vez los ciudadanos nos alimentamos peor, de forma más desequilibrada, con un exceso de productos refinados y olvidándonos cada día más de los alimentos que deben ser la base de la pirámide alimentaria. Dejamos atrás la dieta mediterránea (con sus productos frescos, como verduras, frutas, pescados, carnes y aceite de oliva) para sumergirnos en la dieta de los productos con grasas de baja calidad (determinados aceites vegetales), elaborados con exceso de azucares y con una lista gigantesca de productos químicos artificiales.

Sedentarismo y exceso de ingesta. Estos dos factores combinados han favorecido la aparición de las enfermedades características de los países civilizados. Y los costes sociales y sanitarios son elevadísimos. La peor epidemia que sufren los países más desarrollados se llama obesidad, y mata millones de personas al año.

Ante estas enfermedades nos recomiendan que llevemos un estilo de vida más saludable, mejorando nuestra alimentación y aumentando nuestra actividad física. Así que nos ponemos a dieta y comenzamos a dedicar tiempo a ir al gimnasio o a caminar. Pero para muchos esto no funciona, simplemente porque la voluntad de cambiar nuestras costumbres es momentánea.

Pronto nos desencantamos, nos damos cuenta que no tenemos tiempo para dedicarlo a hacer ejercicio físico ni a cocinar de forma más responsable, y pronto volvemos a estar en el punto de partida. En realidad hemos retrocedido, porque lo hemos intentado y al fracasar nos convencemos de que mejorar es imposible. Compramos un montón de aparatos inútiles y seguimos todas las dietas conocidas, pero nada parece funcionar. Nos volvemos a dejar guiar por la rutina. Pero a la larga el cuerpo nos vuelve a avisar, una y otra vez, hasta que nos sumergimos en un problema de salud grave, que sólo se puede resolver con medicación.

Para que realmente podamos mejorar nuestra salud a largo plazo, necesitamos realizar cambios definitivos en nuestros hábitos de vida. Tenemos que obligarnos a caminar más diariamente, tanto en nuestra faceta personal como profesional. Y el vehículo privado supone una traba a esta realidad. Tanto en coche como en moto, pasamos varias horas al día totalmente inmóviles, y encima nos cansa el trayecto, mermando nuestra iniciativa a caminar. De hecho, cuando llegamos a casa estamos tan cansados que tenemos que tirarnos en el sillón a descansar, con lo que todavía seguimos estando inmóviles. Con un transporte colectivo que funcione bien, es seguro que caminaremos más que yendo en vehículo, y sin darnos cuenta nos acostumbraremos a movernos a pie, mejorando nuestra salud. Tenemos que tener el hábito de caminar, y desterrar el hábito de utilizar el vehículo para todo. Para ello se nos tiene que impedir físicamente que usemos el vehículo, y al mismo tiempo, necesitamos un sistema de transporte eficaz, de tal forma que sólo utilizándolo podamos desplazarnos cómodamente.

Problemas derivados del estado de alerta permanente

El estar al volante nos exige, aunque no seamos conscientes, una concentración máxima en la carretera. Para ser concientes de esto tendríamos que remontarnos a las primeras veces que nos sentamos a conducir un vehículo. ¿Recuerda la sensación?: estábamos muy nerviosos porque teníamos que atender a todo a la vez: las marchas, pisar los pedales, usar el volante, ver la carretera, los otros vehículos, los peatones, las señales horizontales, verticales y a los guardias, los semáforos, la velocidad a la que vamos, las revoluciones, las indicaciones del profesor de la autoescuela ¡y todo esto a la vez! Parecía imposible, pero no lo es. Poco a poco nuestro cuerpo se va adaptando a cada una de esas tareas, las vamos automatizando. Así, ahora las realizamos sin darnos cuenta, no sabemos ni en que marcha vamos, pero conducimos correctamente.

Sin embargo, aunque realicemos las tareas sin ser conscientes de ellas, nuestro sistema nervioso está trabajando para realizarlas. Nuestros sentidos y nuestra mente están concentrados en todas estas tareas aunque nosotros estemos pensando en cualquier otra cosa. De hecho sólo volvemos a la realidad y conducimos de forma consciente si ocurre algún hecho fuera de lo "normal": un peatón que cruza sin previo aviso, un frenazo brusco, un vehículo que se salta una señal.

Durante el tiempo de conducción automática estamos sometiendo al sistema nervioso a un sobreesfuerzo del que no somos conscientes. Sólo cuando llegamos a casa notamos el cansancio, después de haber conducido durante un largo trayecto. Esto se debe a que volvemos a tener el control de nuestro sistema nervioso que, por supuesto, está agotado.

Por la misma razón nos dormimos al volante, creando situaciones de peligro que a veces tienen consecuencias fatales. Llegamos a un nivel de automatismo tan elevado, que nuestro cuerpo nos hace creer que no es necesario estar consciente mientras conducimos. Poco a poco el sueño nos invade, llevándonos a un estado de sopor absoluto, y cayendo con facilidad en los brazos de Morfeo, con fatales consecuencias. Esta situación de riesgo es todavía más evidente después de comer, y hasta la Dirección General de Tráfico nos recomienda no realizar comidas copiosas si tenemos que conducir después.

Y por supuesto, si logramos llegar a casa sin sufrir un accidente, estamos totalmente agotados, porque hemos querido dormir pero no podíamos, hemos estado luchando con nosotros mismos durante muchos kilómetros, sin ser capaces de parar a medio camino a descansar porque "ya queda poco para llegar".

Estas dos situaciones, conducción automática y sopor, nos hacen acumular cansancio durante la semana, y a la vez son situaciones de riesgo real al que nos estamos enfrentando diariamente. Como somos una especie con un gran poder de adaptación a nuevas circunstancias, asumimos este riesgo diario como algo normal, algo con lo que podemos convivir. Pero como usted sabe bien, este riesgo se traduce en accidentes reales, en los que están involucrados tanto aquellos que sufrían el cansancio y no hicieron nada para evitarlo, como ciudadanos que nada tenían que ver: otros conductores y acompañantes, viandantes, ciclistas, personal de auxilio en carretera, policías y guardias civiles; en fin, todos aquellos que son también usuarios de la carretera.

Esta sensación continua de cansancio, y nuestra lucha contra ella en los trayectos medios y largos, es un factor que se suma a otro gran problema del conductor, el estrés.

Problemas derivados del estrés. Sensación de ubicuidad y problemas del tráfico.

Todos los conductores hemos disfrutado de la sensación de conducir en nuestra ciudad con muy poco tráfico, quizás durante algún día de fiesta. Mientras lo hacemos pensamos que ojalá estuviera siempre el tráfico así: las calles despejadas, sin colas en los cruces, siempre esperando el semáforo junto a él, con sitio de sobra donde aparcar, etc. Pero claro, al siguiente día que trabajamos y cogemos de nuevo nuestro vehículo nos damos de frente con la realidad, las colas, la falta de aparcamiento y las pitas siguen ahí.

El estrés que nos genera la conducción esta ampliamente documentado. El ser humano posee un mecanismo de alerta automático para situaciones que precisen de una gran atención, de forma que nuestros sentidos se agudizan, el pulso se acelera, todo nuestro sistema nervioso se activa y se encuentra listo para actuar ante esa situación. Cuando el riesgo ha pasado, el cuerpo recupera sus parámetros normales. Es uno de nuestros sistemas automáticos naturales de supervivencia.

Pero este sistema increíble que nos permite estar alerta ante situaciones de riesgo tiene sus limitaciones. Y una muy importante es el tiempo, el cuerpo no puede estar en estado de alerta continuamente, necesita periodos de recuperación y descanso. Si prolongamos la alerta demasiado tiempo, comienza a fallar el sistema, porque no podemos mantener la atención indefinidamente. Además, comienzan a surgir otros problemas, como cansancio crónico, taquicardias, desajustes de tensión arterial, aumento o pérdida de apetito, desajustes hormonales, cambios bruscos de humor, y un largo etcétera.

La conducción es asumida por nuestra mente como una situación de riesgo, y realmente lo es. Tenemos que permanecer alerta continuamente a muchos factores, y todos son importantes. Un despiste en uno de ellos nos puede costar un accidente. Sin embargo, a medida que nos familiarizamos con el vehículo y con la ruta, la mayor parte del control se convierte en automático, dejando a nuestra mente consciente libre para pensar en otros asuntos. Así, por un lado tenemos parte de nuestro sistema nervioso en alerta constante, mientras otra parte puede estar relajada. Pero esta parte consciente tampoco está relajada, porque la llenamos con nuestras preocupaciones familiares y laborales, además de sobrecargarla con la problemática del tráfico.

Así, estamos totalmente absortos pensado en nuestros problemas cotidianos cuando un problema de tráfico nos hace volver al mundo real, de golpe, lo que activa nuestro sistema de alerta y casi lo consideramos una agresión, y ante una agresión nos defendemos, incluso atacando. Y entonces surgen en nuestra mente todos esos insultos que jamás diríamos en condiciones normales, pero que ahora brotan con increíble facilidad, y nos acordamos de toda la familia de aquel que ha osado interrumpir nuestro discurrir mental. Y si sólo quedaran en pensamientos, pero muchas veces nuestra reacción se materializa en pitadas, insultos a voz en grito, conducción brusca y temeraria, poniendo en peligro la seguridad de los demás, llegando incluso a la agresión física directa. Después, cuando esta situación ha pasado, nos vamos calmando poco a poco, y necesitamos descargarnos del sentimiento inconsciente de culpabilidad que nos persigue por habernos comportado como verdaderos animales.

Nuestro siguiente paso será encontrar la primera ocasión posible para contar lo sucedido, describiendo con todo lujo de detalles lo animal que fue el otro, la burrada que hizo, y por supuesto omitiremos nuestro comportamiento incorrecto e imprudente, o peor, nos orgullecemos de nuestros exabruptos.

La sensación de ubicuidad es otro de los factores que nos disparan el estrés, con las consecuencias negativas que ya conocemos. Y es que poseer un vehículo nos da la posibilidad de desplazarnos grandes distancias en poco tiempo. En una hora podemos recorrer 120 Km., mientras que si fuéramos a pie no haríamos más de 25 Km. en un día.

El siglo veinte y anteriores se caracterizaron por la progresiva concentración de las poblaciones en las urbes, despoblándose los campos. La vida de los ciudadanos quedaba limitada geográficamente al centro de trabajo. Sólo esporádicamente se realizaba una salida más allá de ese entorno. Pero con la llegada de las comunicaciones terrestres efectivas todo cambió. Gracias a los trenes y a los autobuses se fueron creando núcleos poblaciones algo más alejados de los centros productivos. Y con la llegada del automóvil se abrió todo un mundo de posibilidades, porque ahora no sólo se vivía más lejos del centro de trabajo, sino que además se podía disfrutar también del ocio alejado del lugar de residencia.

Actualmente, si vemos anuncios de venta de viviendas, la frase "a solo 5 min. de la ciudad........" es bastante habitual. Ya las distancias no las medimos en kilómetros, sino en tiempo. Además, antes el ocio estaba concentrado en el centro de las ciudades, principalmente en los cascos históricos. Esto también ha cambiado con el automóvil. Actualmente el ocio se está concentrando en las afueras de las ciudades, en los nuevos centros comerciales, a los que podemos acceder fácilmente con nuestro vehículo, y dejarlo en sus amplios y a veces colapsados aparcamientos.

Gracias al automóvil todo está más cerca, al menos en teoría. Porque para ir de un lugar a otro tenemos que tener en cuenta dos parámetros que influyen definitivamente en la duración del trayecto: el tráfico atascado y la falta de aparca-

Las ramblas y parques se convierten en los únicos lugares donde se puede disfrutar de la actividad deportiva y de ocio al aire libre. Y con estrecheces, conviven personas que pasean, corren, montan en bicicleta o patines, disfrutan de su perro, se sientan a descansar, etc. Son pequeñas islas de "aire fresco" atrapadas en la ciudad del asfalto, los vehículos, la contaminación y el ruido.

miento. Porque sin estos dos inconvenientes, desplazarnos en vehículo propio sería increíblemente eficaz, y los anuncios de "solo a 5 minutos" serían ciertos. Pero la realidad ya la conocemos, los atascos están ahí, y la falta de aparcamientos también.

Desplazarnos en vehículo resulta a veces totalmente imposible, y no nos queda más remedio que utilizar un medio público alternativo (como por ejemplo el metro), con el cual sabemos que por lo menos vamos a llegar. Esto es lo que ocurre en grandes ciudades, sobre todo si existe un método alternativo que sea realmente eficaz, como es el metro. Pero no usamos el metro por conciencia medioambiental, sino porque sabemos que es realmente inviable utilizar el vehículo privado. Así todo, las grandes ciudades con un metro efectivo se colapsan diariamente con miles de vehículos, puesto que todavía muchísimas personas tratan de utilizar el vehículo privado.

Pero existen lugares a los que no resulta viable llegar a no ser que tengamos vehículo. Sin él, en la estructura de las ciudades actuales, nos estamos perdiendo la posibilidad de acceder a numerosas infraestructuras y servicios. En otras palabras, somos totalmente dependientes del automóvil si deseamos disfrutar de todas las ventajas que ofrece la sociedad en la que vivimos. Los que no lo poseen, se encuentran en cierta forma marginados, apartados, excluidos, porque los nuevos servicios se crean dando por sentado que los clientes tendrán vehículo. Si no lo tienen, significa que no poseen el nivel adquisitivo deseable, por lo que no se estructuran servicios públicos que permitan acceder a estas instalaciones.

La mayoría de centros comerciales no tienen acceso al servicio de transporte público (salvo taxis), como autobuses o el metro. En realidad lo que se está haciendo es marginando a una parte de la población que por razones que nada tienen que ver con la economía no poseen vehículo, como los ancianos o personas con alguna discapacidad, haciendo más injusta la sociedad, favoreciendo su exclusión.

Si poseemos vehículo propio, tendremos que utilizar (y pagar) por unos servicios totalmente

Los usuarios del transporte público son considerados por muchos como ciudadanos de segunda categoría porque no poseen el nivel adquisitivo suficiente para poseer vehículo propio, cuando en realidad son los que más apuestan por tener mejor calidad de vida, aunque muchos no sean conscientes de ellos, y se sientan "inferiores" por ir en autobús. Son las administraciones las que deben cambiar estos prejuicios en la población, a todas las edades y en todos los niveles económicos.

específicos para nosotros, como estaciones de servicio, de limpieza, talleres mecánicos, aparcamientos, peajes, por los que tendremos que pasar de forma obligatoria. Así que tenemos que planificar en nuestra apretada agenda el tiempo suficiente para realizarle estos servicios al vehículo, lo cual supone un incremento del estrés diario, añadiendo también el estrés producido por la necesidad de tener el dinero suficiente para cubrir estos gastos. Volvemos a la idea de que cuando uno adquiere un vehículo no está pagando por un bien, sino por un servicio por el que tendrá que seguir pagando siempre que lo posea.

Teniendo vehículo propio, nadie nos asegura que podamos acceder a todos los servicios cuando los necesitemos, pues en muchos tenemos que esperar para que nos atiendan. Con respecto a nuestra planificación, tampoco podemos contar con que en un día vayamos a poder realizar demasiadas actividades, pues estamos limitados por el tráfico y el aparcamiento. Esta sensación de tener pero no poder, a veces no queremos ser concientes de ella, y tratamos de cumplir una agenda que es totalmente imposible. A veces, milagrosamente, logramos casi nuestro objetivo, aunque hemos pasado el día con un nivel de adrenalina bastante elevado. Este hecho nos hace suponer que quizás otro día si podríamos lograrlo, lo que nos afianza el hábito de conducir altamente estresados, ya que pretendemos realizar más tareas de las que realmente sería recomendable para un estilo de vida saludable. Sin duda este es uno de los mayores factores de estrés de los habitantes de las ciudades actuales.

Esta diferencia entre nuestras expectativas (por ejemplo estar en sólo 10 min. teóricamente de nuestra casa al trabajo) y la cruda realidad (a veces tardamos 20 min., otras 60 min., o incluso más) nos aumentan el nivel de estrés al volante. Nos subimos al vehículo pensando que nos desplazaremos rápido, y al poco tiempo nos encontramos atascados en mitad de ninguna parte, sin posibilidad de una alternativa. En la mayoría de estos atascos permanecemos parados muchos minutos y ni siquiera sabemos por qué. Es más, se reanuda la circulación y tampoco conocemos la razón. Lo único que vemos claro es el vehículo que tenemos delante. El nivel de estrés en estas situaciones puede incluso superarnos, realizando entonces verdaderas atrocidades al volante. Y todo porque no se han cumplido unas expectativas que sabíamos perfectamente de antemano que eran inviables. Muchas veces salimos de casa tarde, sabiendo de antemano que sólo con un milagro llegaremos a tiempo al trabajo: si lo logramos, se nos reforzará este comportamiento erróneo de salir tarde, y si no lo logramos, en el trabajo le echaremos la culpa al tráfico, inventándonos algún atasco o simplemente contando la verdad.

Pero, ¿es que acaso tenemos alternativa?, los servicios públicos rara vez nos pueden ofrecer la misma versatilidad en horarios y en rapidez que nuestro propio vehículo, incluyendo los atascos y la falta de aparcamientos. Así, estamos diariamente esclavizados al vehículo. Muchos son los que pasan de ir en autobús a desplazarse en vehículo, pero muy pocos regresan a utilizar diariamente los servicios públicos una vez han tenido un vehículo, aunque sea un sistema de transporte bastante más caro. Sólo en las ciudades que disfrutan de metro, muchos ciudadanos se desplazan diariamente en él a pesar de poseer vehículo propio. Pero en realidad los servicios públicos están llenos de ciudadanos que no pueden conducir. Los servicios públicos están llenos con los marginados y excluidos de la sociedad del automóvil.

Los que conducen viven estresados por los problemas del tráfico. Los que no conducen, también.

Problemas del riesgo y la siniestralidad derivados de la posesión de un vehículo. Los accidentes de tráfico.

Un vehículo no es bueno ni malo por naturaleza, es sólo una herramienta utilizada por el ser humano. Es cierto que ha llegado a ser algo muy complejo, tecnológicamente bastante avanzado, pero sigue siendo una máquina que se comporta según lo desee su conductor.

Cuando hablamos del tráfico solemos referirnos a lo que los vehículos hicieron como si tuvieran vida propia, como si su comportamiento sólo dependiera de ellos y no de los humanos que los conducimos. De este modo es muy corriente escuchar frases como: "si lo hubieras visto, un vehículo rojo me pasó por la autopista por lo menos a 200 Km. /h", "aquel vehículo me quitó el aparcamiento, el muy desgraciado", "casi me atropella una moto el otro día", etc. Está claro que cuando hablamos de los vehículos somos conscientes de que iban conducidos por alguien, pero el problema reside en que todos esos comportamientos no adecuados que comentamos no los han hecho los vehículos, sino personas. Este cambio de enfoque tiene gran importancia, porque es muy grave pensar que son realmente determinadas personas las que han puesto en peligro su vida y la tuya.

Imaginemos por un momento que cuando vamos conduciendo pudiéramos saber el nombre de los conductores que nos rodean con sus vehículos. Cuando viéramos alguna irregularidad ya no diríamos "aquel vehículo hizo....", sino por ejemplo "Juan Acosta se saltó el semáforo, el muy...". Puede ser que no lo conozcas de nada, pero también es posible que sea un conocido, amigo, un pariente o incluso tu jefe. Si perdiéramos el anonimato que nos ofrece el vehículo, posiblemente nuestros comportamientos absurdos al volante se reducirían bastante y seríamos menos agresivos. Y es que conducir nos ofrece cierta sensación de impunidad, sólo limitada por la presencia de los agentes de tráfico. Y es que no conducimos igual cuando tenemos a la pareja de motos de la Guardia Civil al lado.

Los accidentes de tráfico son un precio demasiado alto por desplazarnos. No sólo destrozan muchas familias, sino que cuando se producen generan nuevos problemas en las vías.

Este anonimato favorece que cometamos numerosas imprudencias diarias que afortunadamente no siempre se traducen en accidentes. Muchos de nosotros somos un peligro en potencia al volante, y ponemos en juego nuestra vida y la de los que nos rodean. Y la responsabilidad es nuestra, no de nuestros vehículos.

Actualmente la tecnología aplicada en los vehículos los hace muchísimo más seguros que los que conducíamos hace sólo diez años, y cada vez nos ofrecerán más prestaciones, pero la responsabilidad del nivel de seguridad que ofrezcan depende exclusivamente de cómo los conduzcamos.

La mayor parte de los accidentes se producen porque conducimos por encima del nivel de riesgo aceptable. Obviamente sólo con salir a la calle ya estamos asumiendo un riesgo, una probabilidad de accidente, pero esto no significa que tenga que ocurrir. De hecho muchas personas llegan al final de su vida sin haber sufrido un accidente de tráfico.

Pero tanto siendo conductor como peatón sabemos que hay ciertos comportamientos que no podemos realizar porque pondríamos en riesgo inmediato nuestra vida, como por ejemplo cruzar a pie una autopista o conducir en dirección contraria. Sin embargo existe una gradación del riesgo, y no todas las situaciones son iguales. Nos dedicamos a valorar diariamente cuando una situación es de riesgo o no, y entonces decidimos si la ejecutamos o no. Pero estas decisiones conscientes están basadas en cuatro premisas falsas: que nosotros 1) estamos capacitados siempre para tomar decisiones que ponen en riesgo nuestra vida y la de los demás. 2) que nosotros somos objetivos al valorar una situación. 3) que nosotros y nuestro vehículo estamos siempre en las condiciones óptimas y 4) que poseemos toda la información necesaria para tomar una decisión en un momento determinado. Ninguna de las cuatro condiciones se cumplen al cien por cien, pero así todo nos vemos obligados a tomar al volante de nuestro vehículo numerosas decisiones importantes, que pueden significar la diferencia entre tener un accidente o no. Y es enorme el número de decisiones que tomamos a diario sentados al volante.

Cada persona posee un determinado nivel de riesgo que asume de forma natural. Lo que para algunos es una locura para otros es una actividad segura. Pongamos el ejemplo de la velocidad. Numerosos conductores piensan que ir a 140 Km. /h es una velocidad segura, sin embargo existen conductores que no pasan de 100 Km. /h en autopista porque tienen miedo de la velocidad, pues consideran que no se sienten seguros. Este doble rasero también lo podemos observar en la distancia de seguridad. La mayoría de los conductores españoles no respetan la distancia de seguridad en las autopistas, y muchos van "comiendo el culo" a todo el que se pone delante, poniendo en gravísimo riesgo su seguridad y la de los demás. Otro grupo de conductores respeta lo que para ellos es una distancia segura, pero que en realidad no lo es, puesto que en caso de frenazo brusco del vehículo que va delante de él se produciría la colisión igualmente. Y por último hay un reducido grupo de conductores que realmente respetan la distancia de seguridad, aunque ello suponga muchas veces tener que ir frenando a medida que otros vehículos aprovechan ese espacio para colocarse entre ellos.

Por lo tanto debemos diferenciar entre el riesgo real que existe en un determinado momento y el riesgo que el conductor percibe, y que decide asumir o no.

El ser humano posee una gran capacidad de adaptación, incluso a las situaciones arriesgadas o peligrosas. Si unimos esto a la percepción

La distancia de seguridad es la principal medida que debemos tomar para evitar accidentes, puesto que en un frenazo brusco los vehículos toman trayectorias imprevisibles, y se desplazan mucho de la trayectoria esperada. Si además hay malas condiciones meteorológicas, un frenazo brusco supone un accidente seguro.

personal de lo que para cada uno es "riesgo", nos encontramos con tantos tipos de conductores arriesgados como conductores existen. Todos nos ponemos en peligro diariamente, y lo asumimos con naturalidad. Sólo cuando sufrimos un accidente, aunque sea leve, nos replanteamos nuestra forma de conducir, volviéndonos más prudentes al volante. Pero pronto olvidaremos nuestra reflexión y en poco tiempo estaremos conduciendo como siempre.

Esta capacidad de adaptación al riesgo es muy beneficiosa para la seguridad del tráfico porque nos hace salir a las carreteras sin miedo, sin sentirnos inseguros. Y es que cuando nos sentimos inseguros no somos capaces de tomar decisiones con rapidez, ni tampoco las tomamos correctamente. Es impensable concebir la fluidez en la conducción que existe actualmente en nuestras carreteras si todos los conductores tuviéramos el mismo miedo que cuando aprendimos a conducir.

Otro elemento muy importante en la seguridad al volante es la excesiva confianza basada en la falsa percepción de la realidad. En general somos excesivamente confiados al volante, como si una voz interior nos estuviera diciendo continuamente "yo no voy a tener un accidente, eso sólo le ocurre a los demás", y lo peor es que lo creemos. Que suceda un accidente depende de muchos factores, pero sobre todo se debe al comportamiento de los conductores. Cuando los niveles de riesgo de todos ellos son altos, y varios se saltan el margen de seguridad, la probabilidad de un accidente se multiplica.

Que todos los días la carretera no está igual lo sabemos bien. Las condiciones climáticas cambian, y quizás esté lloviendo, o nevando. Quizás aparezca el viento, o una niebla persistente. En estas situaciones solemos tomar más precauciones de lo normal, y sentimos que estamos comportándonos adecuadamente. Sin embargo los accidentes se siguen produciendo, y muchos por exceso de velocidad, lo que nos indica que incluso en malas condiciones climatológicas padecemos de exceso de confianza. Este

Las obras que limitan carriles, unidas a las adversas condiciones meteorológicas, aumentan considerablemente las probabilidades de accidentes.

fenómeno también se da al contrario. En poblaciones donde es habitual el mal tiempo, los conductores suelen ser prudentes en la carretera, pero cuando llega la estación de buen tiempo se produce un claro aumento en el número de accidentes y en la gravedad de los mismos. Resulta paradójico que cuando tenemos las condiciones más seguras para conducir se produzca el mayor número de accidentes.

Dentro de los defectos que conducen inevitablemente al accidente esta la creencia de que cada uno de nosotros estamos siempre perfectamente preparados y capacitados para conducir diariamente. Y cuando sabemos que no lo estamos, conducimos igualmente. Y como lo hacemos a menudo, y nunca nos ocurre nada, nos refuerza la falsa creencia de que a nosotros no nos va a ocurrir nada, de que somos especiales, y que los accidentes les ocurren a otros.

Aunque durante nuestra vida tenemos una serie de características que nos distinguen de los demás, no cabe duda que vamos cambiando a medida que envejecemos. Y no sólo eso. Todos los días de nuestra vida son diferentes, y nos sentimos diferentes. Nuestras condiciones físicas y psicológicas varían todos los días, e incluso varias veces al día.

La pregunta que debemos hacernos es: ¿Estamos siempre capacitados para conducir? Lo que está claro es que conducimos a veces sin tener que hacerlo, sin ser conscientes de ello. Es más, sabiendo que no estamos capacitados para conducir, muchas veces lo hacemos asumiendo el riesgo.

Esta disminución de la capacidad para conducir las denominamos limitaciones. Pueden ser leves, moderadas o graves. Y pueden ser temporales o permanentes. Una limitación moderada o grave puede ser una gripe, según como nos haya afectado, y además será temporal.

Debido a nuestra capacidad de adaptación al riesgo, conduciremos con precaución si nuestra limitación es temporal, pues lo consideraremos una situación anormal en la que hay que estar alerta. Sin embargo, si nuestra limitación es permanente, independientemente de su gravedad nos acostumbraremos a conducir con ella, llegando un momento que no seremos conscientes de que no estamos en condiciones óptimas para conducir. Esta capacidad de adaptación es importante, porque permite conducir a personas que en otro caso no se atreverían, como por ejemplo los disminuidos físicos.

a. Limitaciones de los conductores

Todos los conductores poseemos limitaciones, aunque muchas veces no somos conscientes de ellas.

Podemos clasificar las limitaciones que sufre un conductor en dos: las físicas y las psicológicas.

a.1Las limitaciones físicas se deben a nuestra condición de ser humano. Son muchas personas las que ignoran sus dolores, o conducen con vendajes, o muy cansados, o tomando medicamentos que alteran nuestra percepción y capacidad de respuesta. Muchas personas padecen ligeras limitaciones motoras, visuales o auditivas que no les alteran sus vidas lo suficiente como para ser conscientes de ellas, pero que están ahí limitando su aptitud para conducir.

Y nuestras limitaciones físicas conocidas las solemos llevar al límite. Muchos conductores continúan conduciendo a pesar de que se están durmiendo desde hace un rato, y ya han dado varias cabezadas. Y a pesar de ser conscientes de que están conduciendo de forma muy insegura, continúan al volante pensando que quedan muy pocos kilómetros. También tomando determinados medicamentos conducimos, a pesar de saber perfectamente que nos disminuyen nuestra capacidad de conducción. Incluso con vendajes y escayolas se conduce, porque nos creemos capacitados a manejar aunque no tengamos operativa una mano o un pie.

Y que decir del consumo de alcohol o de drogas, que nos inutilizan rápidamente para la conducción. Alteran nuestra percepción, nuestra capacidad de razonamiento, y por supuesto nuestra capacidad de respuesta. Por lo tanto, ante un incidente en la carretera, lo percibiremos tarde y mal, no seremos conscientes rápidamente del hecho, y no tendremos suficiente capacidad de respuesta para solucionarlo.

a.2 Las limitaciones psicológicas suelen ser más variables que las físicas. No todos los días nos sentimos igual, y tanto consciente como inconscientemente nuestro estado lo trasladamos a nuestra forma de conducir y a nuestra capacidad de respuesta.

Son igual de perjudiciales para nuestra seguridad los estados positivos de euforia y alegría, en los que padecemos de exceso de confianza, que los estados negativos de angustia, ansiedad, nerviosismo o enfado, en los que traspasamos el límite de seguridad de la conducción.

Está claro que es imposible dejar nuestros pensamientos fuera del vehículo, por lo que siempre nos acompañan en nuestro trayecto, alterando nuestras capacidades para conducir. Y si vamos acompañados, muchas veces nos relacionamos con las otras personas dejando en un nivel automático la conducción, como si el vehículo tuviera piloto automático. Muchos accidentes se producen por la distracción del conductor al discutir, mirar o hablar con los demás, o al tratar de tocar o coger objetos dentro del vehículo. También se producen por realizar acciones que aunque estén permitidas suponen un grave riesgo de sufrir un accidente, como puede ser fumar. ¿No resulta extraño que se prohíba usar el móvil durante la conducción, pero que no se prohíba fumar? Fumar es una actividad claramente peligrosa, pero que no esta prohibida. Cada vez la normativa de conducción es más estricta, pero siempre se deja de lado el tema del tabaco, lo que da una idea del poder que tienen las cuestiones económicas en la regulación del tráfico. En este caso no se está velando por la seguridad del tráfico, puesto si así fuera se habría prohibido fumar hace mucho tiempo.

Por lo tanto, después de conocer nuestras limitaciones, hay que tener claro que hay días en nuestra vida en que no estamos capacitados para conducir, pero aún así lo hacemos. Por ejemplo después de una noche de fiesta, o de estudiar, nos planteamos que debemos buscar tiempo para descansar, pero no nos planteamos dejar de conducir. La combinación sueño y carretera es muy peligrosa, y podemos tener un accidente por una simple cabezada.

Y la justificación a este comportamiento peligroso de conducir sin estar en condiciones para ello es la necesidad de trasladarnos a otro sitio, para trabajar o para cualquier otra cuestión que consideremos importante. Podríamos pedir que alguien nos llevara, pero la sociedad actual sobra individualismo, no conocemos ni siquiera a nuestros vecinos, y además tenemos la excusa del "por no molestar". Y así salimos a la carretera sin estar en perfectas condiciones.

Y lo mismo ocurre con las condiciones de nuestro vehículo. Sabemos que le tenemos que reemplazar los neumáticos, pero no los cambiamos "mientras aguanten", a pesar de ser totalmente conscientes de la importancia de tenerlos en buen estado. Y no sólo los neumáticos, también podemos hablar de luces fundidas, frenos, alineación y contrapesado, batería, agua y escobillas para el parabrisas, etc. Son detalles que hacen que nuestro vehículo no esté en perfectas condiciones, y que suponen un claro riesgo de accidente.

Muchos de los accidentes debidos a fallos mecánicos son en realidad responsabilidad del conductor por no haber realizado un correcto mantenimiento del vehículo. Así por ejemplo el reventón de un neumático es muchas veces debido a no haberlo contrapesado y alineado durante su vida útil, o a no haber sido sustituido cuando ya estaba liso. Y cuando se produce el accidente, en las estadísticas constará como por fallo mecánico, cuando en realidad fue un error humano.

Resulta tremendamente doloroso que se produzca un accidente porque alguien condujo cuando sabía perfectamente que no estaba en condiciones de hacerlo. Pero es que ya lo había hecho antes en numerosas ocasiones, y nunca había pasado nada. Tenemos la convicción de que estamos a salvo de conducir sin sufrir accidentes, porque somos buenos conductores.

Los conductores que suelen ir muy deprisa, esquivando por centímetros a los otros vehículos, sin respetar la distancia de seguridad, y cambiándose de carril continuamente, se consideran muy buenos conductores, porque según ellos son muy ágiles conduciendo y no entorpecen el tráfico, y además saben prever que va a suceder. Tremendo error, porque nunca tendremos toda la información de lo que está ocurriendo delante de nosotros, y si nos saltamos las medidas de seguridad estamos perdiendo la protección que nos ofrecen de la incertidumbre.

También es curiosa la capacidad que tenemos para culpar a los demás de lo mal que conducen, pero sin embargo no queremos ser conscientes de lo mal que lo estamos haciendo nosotros. El refrán "Antes se ve una paja en el ojo ajeno que una viga en el propio" encaja perfectamente en nuestra percepción al volante. Incluso cuando el accidente ya se ha producido, muchos conductores continúan echando la culpa a otros de su propia imprudencia. Y así, en un choque por alcance en autopista se escuchan frases como: "es que no me dio tiempo a frenar porque el otro vehículo frenó demasiado brusco" "si no hubiera ido el otro vehículo tan despacio no habría chocado con él", etc.

Nuestra conducta al volante es la responsable de la mayoría de los accidentes, pues trasladamos nuestro estado de ánimo al volante y al acelerador, conduciendo más brusco y saltándonos las medidas de seguridad. Este tipo de conducción la podemos denominar como conducción emocional (subjetividad), en la que el conductor emocional pierde la capacidad de percepción de la realidad y sólo recibe parte de la información del exterior, y encima está distorsionada por el estado de ánimo.

La prudencia es básica para evitar accidentes. Nuestros hijos confían en nosotros. No los defraudemos. No los pongamos en peligro.

b. Estadísticas de los accidentes de tráfico

Sin lugar a dudas el mayor problema del tráfico son los accidentes de tráfico. La siniestrabilidad es muy alta, a pesar de que continuamente se están tomando medidas para reducirla. Estas están dirigidas a los tres elementos que conforman el tráfico: las infraestructuras, los vehículos, y los conductores. Sin embargo, hay que tener claro que aunque muchas de las medidas reducen la siniestrabilidad, nunca desaparecerá. Mientras exista el tráfico seguirán habiendo muertos y heridos en la carretera, por mucha tecnología que apliquemos a los vehículos, mejoras en las carreteras y concienciación de los conductores.

Lo peor de los accidentes de tráfico es que los hemos asumido como algo normal, un riesgo aceptable. Cuando nos encontramos con alguno, nuestro subconsciente nos lo hace ver como si fuera una película en una pantalla de televisión. En ningún momento asumimos que esa desgracia nos puede pasar a nosotros sólo unos kilómetros más adelante. De hecho, las mayores colas en la autopista no se crean en los carrilles del accidente, que suelen ser agilizados por los agentes de tráfico, sino en el carril contrario, donde nos paramos curiosos a mirar que ha ocurrido. Si de verdad nos repugnaran los accidentes de tráfico no disminuiríamos la velocidad, sino que la aumentaríamos para no verlos, al igual que cambiamos de canal en la tele. Aunque de hecho los estamos ignorando o minimizando, porque seguimos conduciendo aún sabiendo la gran cantidad de muertos y heridos que se producen al año en nuestras carreteras.

Las muertes por accidente de tráfico suponen la segunda causa de mortalidad en el mundo. Y no sólo las muertes, sino los heridos con secuelas irreparables que les acompañarán toda la vida. Esto nos debería hacer reflexionar y preguntarnos que está fallando, ¿Por qué tenemos que perder tantas vidas?, o más bien gritar ¡Ni un accidente más!

Y las víctimas de los accidentes somos todos. No existe un perfil tipo que sufra más accidentes. Por supuesto que los más jóvenes tienen mayor probabilidad de producirlos, generalmente asociados al exceso de velocidad y al consumo de sustancias estupefacientes y alcohol. Pero todos podemos ser víctimas pasivas de ellos lo que nos supondrá un cambio radical en nuestra vida (si no es que la perdemos en el suceso), y nuestra pregunta será ¿Qué hicimos para merecer tanta desgracia? ¿Por qué a nosotros? ¡¡¡Por qué!!!. Y después de esta fase de negación y desesperación llegaremos a la fase de aceptación, en la que sólo nos quedará la opción de superarnos o de caer en la espiral de la depresión.

Afortunadamente han surgido numerosas asociaciones de ciudadanos que luchan por lograr la mínima siniestrabilidad posible. Muchas se han constituido por personas que han sido víctimas directas o indirectas de los accidentes, y que no desean que les ocurra a otros. Su principal función suele ser prestar el apoyo a las víctimas que ellos no tuvieron. Estas asociaciones presionan a las administraciones para que tomen medidas, y realizan campañas de concienciación para los ciudadanos. Su labor es importantísima y vital para entre todos enfrentarnos al problema del tráfico.

Pero tenemos que ser conscientes que nunca lograremos tener accidentes cero mientras exista el tráfico, y miles de familias seguirán siendo destrozadas cada año, muchas de ellas sin haber sido responsables de los accidentes.

La Dirección General de Tráfico (DGT) publica anualmente sus estadísticas sobre accidentes y víctimas. Esta interesante publicación se puede visitar en la página Web www.dgt.es. A continuación les muestro la estadística elaborada sobre datos de toda España desde 1980 hasta el año 2007 inclusive. Del año 2008, 2009 y siguientes todavía no existen datos definitivos en el momento de publicar este libro. Es seguro que con la crisis económica de 2008 disminuya el parque automovilístico, lo que podría favorecer la disminución de los accidentes, pero por otro lado los ciudadanos mantendrán vehículos más viejos en las vías, y no le realizarán los mantenimientos adecuados, lo que influirá negativamente en el número de accidentes.

Le ruego lea detenidamente las estadísticas, y compare año con año, para que observe bien las vidas que se pierden en las carreteras anualmente, sin que parezca afectarnos demasiado. Recuerde, son personas, no números.

En todos estos años ¿han disminuido el número de accidentes? Sí, pero No. ¿Han disminuido el número de muertos o heridos? Sí, pero No. Teniendo en cuenta el vertiginoso crecimiento de parque móvil, y el aumento de las vías existentes, no cabe duda que ha habido una

Accidentes con víctimas (muertos y heridos)

AÑOS	TOTAL	Variación respecto al año anterior	CARRETERA	Variación respecto al año anterior	Z.URBANA	Variación respecto al año anterior
1980	67.803	-3.582	35.708	-2.313	32.095	-1.269
1985	81.234	7.123	38.246	3.725	42.988	3.398
1986	87.703	6.469	41.937	3.691	45.766	2.778
1987	98.182	10.479	46.488	4.551	51.694	5.928
1988	106.356	8.174	49.763	3.275	56.593	4.899
1989	109.804	3.448	51.570	1.807	58.234	1.641
1990	101.507	-8.297	47.313	-4.257	54.194	-4.040
1991	98.128	-3.379	44.494	-2.819	53.634	-560
1992	87.293	-10.835	39.121	-5.373	48.172	-5.462
1993	79.925	-7.368	35.814	-3.307	44.111	-4.061
1994	78.474	-1.451	34.354	-1.460	44.120	9
1995	83.586	5.112	37.217	2.863	46.369	2.249
1996	85.588	2.002	37.434	217	48.154	1.785
1997	86.067	479	36.551	-883	49.516	1.362
1998	97.570	11.503	44.388	7.837	53.182	3.666
1999	97.811	241	44.784	396	53.027	-155
2000	101.729	3.918	44.720	-64	57.009	3.982
2001	100.393	-1.336	45.483	763	54.910	-2.099
2002	98.433	-1.960	44.871	-612	53.562	-1.348
2003	99.987	1.554	47.567	2.696	52.420	-1.142
2004	94.009	-5.978	43.787	-3.780	50.222	-2.178
2005	91.187	-2.822	42.624	-1.163	48.563	-1.659
2006	99.797	8.610	49.221	6.597	50.576	2.013
2007	100.508	711	49.820	599	50.688	112

Número de víctimas (carretera y zona urbana)

AÑOS	TOTAL	MUERTOS	HERIDOS GRAVES	HERIDOS LEVES
1980	112.692	5.017	31.621	76.054
1985	131.703	4.903	38.695	88.105
1986	142.564	5.419	42.443	94.702
1987	159.246	5.858	48.298	105.090
1988	171.297	6.348	51.124	113.825
1989	176.599	7.188	52.418	116.993
1990	162.424	6.948	52.385	103.091
1991	155.247	6.797	50.978	97.472
1992	135.963	6.014	42.185	87.764
* 1993	123.571	6.378	36.828	80.365
* 1994	119.331	5.615	33.991	79.725
* 1995	127.183	5.751	35.599	85.833
* 1996	129.640	5.483	33.899	90.258
* 1997	130.851	5.604	33.915	91.332
* 1998	147.334	5.957	34.664	106.713
* 1999	148.632	5.738	31.883	111.011
* 2000	155.557	5.776	27.764	122.017
* 2001	155.116	5.517	26.566	123.033
* 2002	152.264	5.347	26.166	120.761
* 2003	156.034	5.399	26.305	124.330
* 2004	143.124	4.741	21.805	116.578
* 2005	137.251	4.442	21.859	110.950
* 2006	147.554	4.104	21.382	122.068
* 2007	146.344	3.823	19.295	123.226

El cómputo de muertos se realiza a 30 días a partir de 1993 inclusive.

Número de muertos total

AÑOS	E	F	M	A	M	J	J	A	S	O	N	D	TOTAL
1980	342	322	414	363	391	349	457	602	488	460	420	409	5.017
1985	321	296	356	364	352	373	512	558	471	416	382	502	4.903
1986	342	309	416	350	416	455	554	636	468	479	502	492	5.419
1987	415	314	369	427	469	450	627	738	515	542	462	530	5.858
1988	437	402	475	449	503	462	596	719	596	608	495	606	6.348
1989	487	430	535	511	564	630	754	861	646	592	587	591	7.188
1990	509	478	559	491	459	554	667	773	638	615	585	620	6.948
1991	487	433	464	446	580	579	680	822	637	523	556	590	6.797
1992	453	460	478	495	502	438	540	661	497	480	487	523	6.014
* 1993	519	424	509	528	511	521	650	660	552	538	442	524	6.378
* 1994	492	341	437	402	417	431	591	621	504	460	403	516	5.615
* 1995	435	359	459	503	438	455	610	574	547	438	449	484	5.751
* 1996	367	409	411	423	439	499	520	548	486	485	433	473	5.483
* 1997	413	352	480	430	447	445	569	639	480	442	439	468	5.604
* 1998	414	410	458	391	503	523	545	636	522	531	500	524	5.957
* 1999	435	393	430	444	467	425	561	570	531	525	485	472	5.738
* 2000	462	394	440	455	450	468	623	544	491	502	457	490	5.776
* 2001	403	413	418	422	442	487	525	576	453	432	459	487	5.517
* 2002	472	377	429	360	406	471	505	558	437	448	435	449	5.347
* 2003	407	380	398	410	395	490	524	595	444	435	453	468	5.399
* 2004	373	335	361	388	400	428	459	459	364	455	345	374	4.741
* 2005	344	341	365	340	372	402	443	414	363	372	324	362	4.442
* 2006	375	282	339	368	367	352	380	331	350	317	319	324	4.104
* 2007	286	264	351	303	324	313	385	363	361	337	239	297	3.823

* El cómputo de muertos se realiza a 30 días a partir de 1993 inclusive.

Peatones víctimas (muertos y heridos)

AÑOS	CARRETERA Total	Muertos	Heridos	ZONA URBANA Total	Muertos	Heridos
1980	3.878	742	3.136	12.913	422	12.491
1985	3.441	624	2.817	14.104	400	13.704
1986	3.727	724	3.003	14.582	446	14.136
1987	3.614	647	2.967	15.604	433	15.171
1988	3.540	655	2.885	16.178	465	15.713
1989	3.445	745	2.700	15.541	503	15.038
1990	3.232	706	2.526	14.206	480	13.726
1991	3.027	615	2.412	13.720	440	13.280
1992	2.760	593	2.167	12.039	336	11.703
* 1993	2.456	607	1.849	11.544	497	11.047
* 1994	2.216	521	1.695	11.765	487	11.278
* 1995	2.228	520	1.708	11.697	480	11.217
* 1996	2.107	504	1.603	11.842	456	11.386
* 1997	2.120	466	1.654	11.624	501	11.123
* 1998	2.105	492	1.613	11.798	503	11.295
* 1999	2.189	458	1.731	10.933	448	10.485
* 2000	2.088	451	1.637	11.410	447	10.963
* 2001	1.964	469	1.495	11.094	377	10.717
* 2002	1.848	433	1.415	11.056	343	10.713
* 2003	1.860	424	1.436	10.742	363	10.379
* 2004	1.603	340	1.263	10.518	343	10.175
* 2005	1.551	348	1.203	10.073	332	9.741
* 2006	1.552	317	1.235	10.214	296	9.918
* 2007	1.523	287	1.236	9.906	304	9.602

* El cómputo de muertos se realiza a 30 días a partir de 1993 inclusive.

Tasas de accidentes y victimas (muertos y heridos)

AÑOS	(1) Parque de vehiculos	Accidentes por 10.000 veh.parque	Muertos por 10.000 veh. parque	Muertos por cada 1.000 accidentes	Heridos por cada 1.000 accidentes	Muertos por 10.000 habitantes
1980	10.192.743	67	5	74	1.588	1,3257
1985	11.716.339	69	4	60	1.561	1,2733
1986	12.284.080	71	4	62	1.564	1,4014
1987	13.068.840	75	4	60	1.562	1,5085
1988	13.881.323	77	5	60	1.551	1,6279
1989	14.870.484	74	5	65	1.543	1,8356
1990	15.696.715	65	4	68	1.532	1,7873
1991	16.528.396	59	4	69	1.513	1,7431
1992	17.347.203	50	3	69	1.489	1,5376
1993	17.809.987	45	* 4	80	1.466	* 1,6263
1994	18.218.924	43	* 3	72	1.449	* 1,4286
1995	18.847.245	44	* 3	69	1.453	* 1,4603
1996	19.542.104	44	* 3	64	1.451	* 1,3892
1997	20.286.408	42	* 3	65	1.455	* 1,4162
1998	21.306.493	46	* 3	61	1.449	* 1,4996
1999	22.411.194	44	* 3	59	1.461	* 1,4359
2000	23.284.215	44	* 2	57	1.472	* 1,4305
2001	24.249.871	41	* 2	55	1.490	* 1,3467
2002	25.065.732	39	* 2	54	1.493	* 1,2834
2003	(2) 25.169.452	40	* 2	54	1.507	* 1,2750
2004	(2) 26.432.641	36	* 2	50	1.472	* 1,1016
2005	(2) 27.657.276	33	* 2	49	1.456	* 1,0217
2006	(2) 29.054.061	34	* 1	41	1.437	* 0,9331
2007	(2) 30.318.457	33	* 1	38	1.418	* 0,8637

(1) En las cifras de parque no se incluyen los ciclomotores.

(2) A partir del año 2003 no se incluyen en el parque los vehículos que se encuentran en baja temporal.

* El cómputo de muertos se realiza a 30 días a partir de 1993 inclusive.

mejora enorme en la gestión del tráfico, puesto que las cifras de accidentes y muertos tampoco han sufrido el incremento gigantesco que era de esperar. Así todo, las cifras son escandalosas, y una sola muerte es demasiado. No sólo las victimas son los conductores y los pasajeros, sino también los peatones sufren las consecuencias de la existencia del tráfico privado.

¿De quién es la culpa de tanta desgracia? En principio parece clara, la culpa es siempre de quién es responsable del accidente. Muchas veces saltándose la normativa crearon situaciones de riesgo que derivaron en accidente. Otras veces la responsabilidad no está tan clara, y aunque nadie tenga responsabilidad penal o civil, la desgracia ha ocurrido y los muertos y heridos están ahí.

También hay quién acusa a la administración de los accidentes. Entre las razones que justifican su razonamiento están:

- porque da el carné a cualquiera.
- porque no controla a las autoescuelas.
- porque no hay suficientes guardias, y menos cuando realmente uno los necesita.
- porque las carreteras están en mal estado.
- porque no hay suficiente señalización, o es incorrecta.
- porque la normativa sobre la velocidad máxima es demasiado restrictiva y por eso nadie la cumple.
- porque las multas no son lo suficientemente altas, ya que son iguales tanto para el que tiene dinero como para el que no lo tiene.
- porque hay corrupción a todos los niveles.
- porque la administración es muy lenta en la resolución de problemas.
- porque permite que las empresas saquen al mercado vehículos cada vez más potentes y rápidos, y sin embargo no aumenta las velocidades máximas autorizadas.
- porque no invierte suficiente dinero en cámaras, radares y otros sistemas para captar "in fraganti" al infractor.
- porque no controlan bien y existen muchas personas que conducen sin poseer carné de conducir, o sin seguro, o sin ITV, o borrachos, etc.

Si analizamos la responsabilidad de las personas, está claro que actualmente más del 90% de los accidentes son debidos a un error humano. Cuándo hablo de error no estoy diciendo equivocación consciente, decisión no correcta ante una decisión. Y es que dentro del concepto error quedan englobados los errores inconscientes, de los que no tenemos ni idea que se están produciendo, pero que son un importante factor de riesgo. Y es que al hablar de los accidentes de tráfico uno de los mayores problemas con los que nos encontramos es el exceso de confianza, es decir, la falta de información real y de los factores de riesgo. Estos dos elementos se traducen en un valor de probabilidad alta de que se produzca un accidente.

Un conductor generalmente cree conocer el vehículo que normalmente conduce. Durante los primeros días estamos con todos los sentidos puestos en él, hasta que nos familiarizamos con su frenada, sus ruidos, la suspensión, el tamaño, el giro del volante. Así, al principio nos cuesta aparcar, porque no le tenemos "cogido el truco". Pero pronto nos acostumbramos al vehículo, y todo ese control que antes realizábamos conscientemente pasa ahora al nivel inconsciente. Ya sólo nos va a llamar la atención todo aquello que se salga de lo que consideramos normal, como un ruido extraño, o una desviación de la dirección, o un neumático sin presión. Cuando alguno de estos hechos sucede, reaccionamos tratando de solucionarlo, llevándolo al servicio técnico o arreglándolo uno mismo. También sabemos que necesita un mantenimiento, así que de vez en cuando lo llevamos al servicio técnico. Y es que sabemos que el vehículo es una máquina que se puede estropear.

Pero hay personas que cuando notan esos cambios no lo solucionan, generalmente por falta de tiempo o dinero. Y esos errores del vehículo son asumidos como parte de la conducción. Es decir, conscientemente conducimos un vehículo que no es tan seguro como podría serlo en condiciones normales. Pero lo realmente peligroso no es esta dejación consciente de seguridad, sino que al mismo tiempo se están produciendo fallos que no conocemos, puesto que toda máquina falla en alguno de sus componentes. Esto hace que conduzcamos siempre una máquina imperfecta.

La incorrecta señalización durante las obras provoca accidentes.

Nuestra conducción tiene un margen de seguridad limitado puesto que asumimos que nuestro vehículo está en condiciones aceptables sin tener datos reales. Por esto son imprescindibles las revisiones obligatorias de los vehículos, para poder detectar esos fallos de los que no somos conscientes pero que pueden suponer un accidente.

La falta de información real juega un papel esencial en los accidentes. Si un conductor supiera con suficiente antelación que después de esa curva hay un obstáculo, o un accidente, o un atasco, se pondría alerta, reduciría la velocidad, y no se produciría un accidente.

Y encima la ley nos obliga a realizar acciones claramente peligrosas, que ponen en juego nuestra seguridad, pero que si no las hacemos cometemos una grave infracción. Como por ejemplo colocar los triángulos en caso de avería. ¿Puede haber algo más peligroso para una persona que caminar por la autopista durante 50 metros para colocar un triángulo? Cuándo esto ocurre, encima los conductores desvían la atención de la carretera para ver a la persona caminando, mientras que delante de ellos está el verdadero peligro, que se lo van a encontrar sin tener tiempo de reaccionar. Con un sistema de comunicación automática entre vehículos se evitarían todos estos riesgos, puesto que no sería necesario bajarse del vehículo, y el resto de vehículos estarían alerta, e incluso automáticamente ya habrían reducido la velocidad y activado los intermitentes de emergencia.

c. De la confianza a la automatización

Confianza: seguridad que alguien tiene en sí mismo (Diccionario de la Real Academia de la Lengua Española, 2ª definición).

La confianza en que conocemos el mundo que nos rodea influye en que se produzcan accidentes, puesto que asumimos que cuando lleguemos a esa curva encontraremos lo de siempre, una carretera despejada. La realidad es que no podemos asumir que lo que conocemos esté todos los días en las mismas condiciones. Pero por otro lado no tenemos tiempo ni cabeza para estar al día de todos los acontecimientos que rodean a nuestra conducción. Por eso la electrónica y las telecomunicaciones deben jugar un papel esencial en la sociedad del conocimiento. Por medio de sistemas electrónicos nuestro vehículo debe conocer todo lo que le rodea, y las circunstancias especiales que limitan la conducción en cada momento.

Tenemos que ser conscientes de nuestras propias limitaciones como ser vivo. Los vehículos son cada vez máquinas más potentes y veloces, con velocidades de respuesta más rápidas, lo que nos exige a veces tomar decisiones en fracciones de segundo, algo para lo que nos estamos preparados.

La seguridad infantil debe cumplirse siempre, porque el accidente se produce de imprevisto. Los niños sueltos en el asiento trasero tienen pocas oportunidades de sobrevivir.

Creo imprescindible que el control del conductor sobre el vehículo sea el menor posible. Los sistemas electrónicos y el "cerebro" del vehículo deben asumir la realización de todas las tareas posibles, incluida la conducción en autovías y autopistas, aparcar, mantener la distancia de seguridad, etc. Un ejemplo de riesgo de accidente se produce cuando nos encontramos de pronto con una retención que nos obliga a una frenada más o menos brusca, e inmediatamente pensamos en activar los intermitentes de emergencia, para lo cual dejamos de mirar a la carretera para pulsar el botón. Esta fracción de segundo puede suponer un choque, pero si no lo ponemos no podemos avisar eficazmente a los que van detrás, por lo que también existe peligro de choque por alcance. ¿Cómo resolver esta aparente contradicción? La respuesta es única: eliminando esa responsabilidad al conductor. Para ello el vehículo debe detectar automáticamente la retención, reducir la velocidad, avisar electrónicamente a los vehículos que tiene alrededor, activar los intermitentes de emergencia, avisar al conductor, controlar la tensión de los cinturones de seguridad, tomar el control de frenos, acelerador, marchas y volante.

Planteo la total automatización del automóvil. El conductor sólo debería comunicar al vehículo donde ir, y el resto sería automático. ¿Es esto posible? La respuesta es Sí. La tecnología existe, y sólo es cuestión de obligar a su implantación. Pero esta visión para muchos futurista choca de frente con dos grandes barreras mentales: el egoísmo y el miedo. El egoísmo porque supone que cada persona no va a tener el control de su vehículo, que es una de las satisfacciones de la conducción (recordemos un famoso anuncio: ¿Te gusta conducir?). El miedo porque creemos que sólo lo que controlemos directamente nosotros puede salir bien, perder el control significa que algo puede salir mal sin que ni siquiera sepamos el por qué. Ante estos dos instintos sólo cabe como respuesta la implantación de un sistema que sea tan seguro y complejo, que la intervención humana suponga un impedimento en vez de una ventaja, que suponga el funcionamiento más inseguro, que sólo sea posible el control manual en determinadas circunstancias que no impliquen peligro real, como determinar hacia donde queremos ir o donde deseamos aparcar. Si lo que buscamos es una forma eficaz y segura de transportarnos, el factor humano no es necesario.

La afirmación anterior puede parecer demasiado irreal, pero una de las formas eficaces de evitar accidentes y mejorar la calidad de la conducción es automatizar el máximo número de procesos, hasta llegar al límite que hemos visto en algunas películas de ciencia ficción, en la que los seres humanos no conducimos los vehículos, sino que son simples medios de transporte totalmente automáticos. Esto podría hacerse hoy en día, la tecnología que lo puede hacer posible ya existe y está mejorando continuamente, pero falta voluntad real de implantarla. Parece como que no pudiéramos perder el control de nuestro vehículo, que sólo nosotros con nuestras manos pudiéramos manejarlo. Esto es sólo miedo. Y como ejemplo pensemos en lo nerviosos que muchos conductores nos ponemos cuando otra persona conduce nuestro vehículo con nosotros dentro.

Pero hay que ser conscientes que no podemos controlarlo todo personalmente, que un buen sistema electrónico conduce mucho mejor que nosotros. ¿Y si falla?, sería la primera pregunta a plantear. Por supuesto que puede fallar,

Las obras en las autopistas, con curvas inesperadas o carriles cortados, suponen un grave riesgo de accidente puesto que generalmente generan retenciones que se traducen en atascos que derivan en accidentes por alcance.

no existe ningún sistema infalible, y por supuesto que un circuito electrónico o un sensor puede fallar, pero para eso existe la posibilidad de duplicar los circuitos y los sensores. Esta doble tecnología ya se utiliza en todos los sistemas que precisan de altos niveles de seguridad, como en los aviones. Estos aparatos que surcan diariamente por encima de nuestras cabezas prácticamente, despegan, navegan y aterrizan solos. Los pilotos no podrían llevar a cabo manualmente todas las operaciones y controles que es necesario realizar al mismo tiempo. Eso no quiere decir que si algo falla no sepan exactamente lo que está ocurriendo, y además siempre pueden tomar el control manual del aparato. Y si un sensor falla, tienen otro de repuesto que se activa automáticamente, por lo que el riesgo de accidente por fallo técnico es mínimo. De hecho la mayor parte de los incidentes que ocurren en navegación aérea se deben a fallos en decisiones de los pilotos. Y que decir de la tecnología espacial. Pensemos en la partida de un trasbordador espacial o de un cohete con tripulación. En ese momento del despegue los astronautas no son tripulantes activos, todas las operaciones se realizan desde tierra, y cuando despega funciona de forma automática.

Implantar la automatización de la conducción es posible tecnológicamente, imprescindible desde el punto de vista de los accidentes actuales, y no resultaría caro si se realiza de forma generalizada. Y para que realmente funcione sólo cabe la posibilidad de una implantación rápida. Llevarlo a cabo reduciría los accidentes a la mínima expresión puesto que eliminaríamos de la carretera el factor que más accidentes produce: el factor humano. Y es que aunque en nuestro país se conduzca mejor que en otros, siempre existe el riesgo de accidente debido al ser humano principalmente por tres razones: exceso de confianza, despistes, y conducción emocional (subjetividad).

El exceso de confianza ya lo hemos visto anteriormente, y se debe a que ante la ausencia de información damos por supuesto que todo va bien, tanto con respecto al automóvil, a la carretera como a nosotros mismos. Si con ausencia de información se producen varias circunstancias negativas, la probabilidad de accidente se dispara, y además nos coge totalmente de sorpresa, sin tener tiempo a reaccionar. Esto nos sucede tanto como conductores como peatones. Damos por supuesto que todos cumplirán las normas, y caminamos por la acera sin prestar atención al tráfico. Pero en realidad somos muchos los que no respetamos la normativa, por lo que en realidad no es nada seguro caminar por la acera, o esperar el cambio de semáforo, o cruzar la calle, o cualquiera de todas esas actividades relacionadas con el tráfico que realizamos de forma automática, porque son diarias. Pero el riesgo también es diario.

El exceso de confianza nos hace también sobrevalorar nuestra situación, y tomar medidas concientes que suponen aumentar el riesgo de accidentes. Por ejemplo acelerar cuando el semáforo se pone en ámbar, o superar el límite de velocidad dentro de la ciudad. Simplemente damos por hecho que nadie va a cruzar corriendo la calle sin previo aviso, y por eso vamos más rápido de lo que sería seguro. Pero los peatones no son máquinas, sino personas, y hay peatones que se comportan de tal forma que ponen en peligro su vida y la de los demás.

d. De los despistes a como se vive un accidente

Despiste: distracción, fallo, olvido, error (Diccionario de la Real Academia de la Lengua Española, 2ª definición).

Los despistes son una de las principales causas de los accidentes por alcance y de los atropellos. La conducción exige la total atención en la carretera. Atención que sólo somos concientes de ella cuando aprendemos a conducir. En esos momentos parece que no vamos a poder estar pendientes de todo lo necesario para conducir bien. ¿Cómo es posible que controlemos al mismo tiempo los pedales, el volante, las marchas, los peatones, los semáforos, el resto de

Los ciudadanos no siempre cruzan las calles por donde deben, lo que genera situaciones de peligro. Se acostumbran a ello, asumen el riesgo, hasta que un despiste provoca un accidente. Y no sólo por su comportamiento, porque además los vehículos suelen ocupar las zonas de peatones dificultando la visibilidad

vehículos? Parece una tarea imposible. Pero pronto logramos hacerlo, y ya no sentimos inseguridad ante hechos que antes nos paralizaban.

Simplemente nos acostumbramos a conducir. Al ser una actividad prácticamente diaria la introducimos en nuestro estilo de vida rápidamente, y al ser capaces de desplazarnos en un vehículo nuestros horizontes se alargan. Ahora tenemos la capacidad de realizar actividades y llegar a lugares que antes eran utopías. Incluso descubrimos que se nos abre un mundo nuevo de posibilidades.

¿Cómo se vive un accidente? El peligro de accidente siempre sigue ahí, pero ahora estamos menos sensibilizados, porque nos sentimos más cómodos. Y es ahora cuando comenzamos a realizar actividades que de otra forma ni se nos ocurriría hacer, y que van a disminuir considerablemente nuestra atención sobre la carretera. Y justo en esa fracción de segundo en que no estamos mirando, es cuando se cruza el peatón, el animal, o el vehículo de delante ha frenado. Volvemos la vista a la carretera y vemos el obstáculo, y sentimos el subidón de adrenalina al ser conscientes que vamos a chocar con él. En estas situaciones generalmente reaccionamos frenando bruscamente, llevando hasta el fondo el freno, o pegando un volantazo, todas acciones espontáneas sin valorar sus consecuencias. Como no estábamos mirando no podemos tener en nuestra cabeza una aproximación a la realidad que nos rodea, y tampoco tendremos tiempo para valorarla, por lo que sólo nos queda la reacción instintiva. Y a esperar, nos quedamos prácticamente paralizados mientras las décimas de segundo se convierten en minutos y vemos como impactamos. El instante siguiente se acelera bruscamente, y quedamos a merced de un conjunto de fuerzas que nos desplazan y bambolean en décimas de segundo. Nuestro cuerpo es ahora una marioneta del accidente, y cualquier consecuencia es posible. Los objetos que nos rodean se mueven a velocidad infinita y todo se rompe a nuestro alrededor. Muchas partículas flotan en el aire, y todas son potencialmente mortales. Podemos perder la vida, tener graves secuelas, o salir totalmente ilesos. De pronto todo se detiene y, si hemos sobrevivido, el mundo nos parece extraño.

Estamos desorientados, y aunque lo que nos rodea era familiar antes del accidente, ahora estamos en un mundo nuevo, y al principio silencioso. Justo después aparece el sonido, muchas veces estridente, otras pasmosamente bajo, que nos ayuda a volver a la realidad. Esta fase de desorientación nos puede durar segundos, o varias horas o días. Si morimos, todo lo que éramos desaparece en un instante, y se crea un agujero insoportable en la lógica de la vida. Nosotros no sufriremos más, pero el calvario de nuestra familia y amigos será infinito, les acompañará hasta su muerte.

Si no hemos muerto, solemos tener reacciones totalmente incoherentes, como tratar de apagar la radio. En un golpe muy fuerte, posiblemente quedemos atrapados en el vehículo, y seremos totalmente dependientes de otras personas. Al principio se acercarán otros conductores que a veces te ayudarán bien y otras no. Después aparecerán los medios de auxilio en carretera, y la guardia civil u otro cuerpo policial. Al final te sacarán del vehículo, en un ambiente que parece más una película que estés viendo que una situación real que estás viviendo. Te llevarán al hospital si estás mal, y comenzará el calvario de diagnosticar que tienes. Si estás consciente, posiblemente durante un tiempo vivirás esta experiencia como si no te estuviera sucediendo a ti.

Llegarán tus familiares, a los que tendrás que tranquilizar diciéndoles que no ha sido nada, que lo importante es que has sobrevivido, que te sientes bien, y que seguramente estarás en casa pronto. Pero una parte de tu Yo te dice que algo no anda bien, y no ayuda a tranquilizarte la cara de algún médico o enfermera. Cuando se baje definitivamente el shock hormonal, descubrirás la verdad de lo que te ha pasado. Y tu vida cambiará para siempre. Quizás sea una pierna, la columna, o sólo un pie, quién sabe.

Incluso puede que no te ocurra nada grave, y seas otro más de los que puede contar su experiencia sin sufrir sus consecuencias. Y al principio conducirás con precaución, y recordarás en innumerables ocasiones lo ocurrido. Pero llegará un día en que volverás a la rutina, y conducirás de nuevo automáticamente, y quién sabe, seguramente volverás a dejar de atender la carretera por la misma tontería por la que tuviste el accidente.

Y qué decir de los que no generan el accidente, sino que son actores pasivos de este drama. Llevan una vida normal, y en la cabeza tienen los problemas diarios y lo que tienen que hacer hoy. Van conduciendo cumpliendo las normas, o son peatones que están simplemente esperando a que un semáforo cambie. El accidente es si cabe más brutal, porque muchas veces ni siquiera llegan a ser conscientes del mismo. O ven acercarse el peligro sin tener siquiera tiempo a evitarlo. Es tan simple que es aterrador. Han perdido la vida sin motivo, sin esperarlo, sin merecerlo, sin poder si quisiera dejar sus asuntos resueltos. Se van de golpe, perdiendo sus planes de futuro, sus familiares, su vida. Y el sufrimiento de los familiares es todavía mayor, puesto que la noticia llega de pronto, aterradora, increíble.

Los accidentes de tráfico no discriminan por edad, sexo, nacionalidad, nivel cultural o posición económica. Incluso tomando todas las medidas de seguridad posibles, el impacto es tan brutal que la muerte es instantánea. Pero afortunadamente la cultura de la seguridad está arraigando en nuestra sociedad, auque sólo sea por temor a las multas, y cada vez más personas están utilizando los sistemas de seguridad. Así mismo se observa una mayor aceptación de que cumplir la normativa es imprescindible para evitar accidentes.

Sin embargo, también se constata que aunque estemos concienciados y conozcamos las normas, diariamente nos las saltamos conscientemente. Exceso de velocidad, aparcamientos en lugares no autorizados, el uso de móviles y otros aparatos electrónicos (agendas, televisores, cascos de música, etc.), actividades que realizamos sabiendo que tienen un riesgo, pero que lo asumimos con naturalidad, como asumimos que no nos pasará a nosotros porque si.

Y volvemos a la misma pregunta que nos hacíamos al principio de este capítulo ¿Por qué sucedió? ¡¡¡Por Qué!!!. Y la respuesta es que fue un despiste. Se trata de una afirmación simple, pero vacía, que no nos satisface en absoluto, la encontramos sin sentido. ¿Me estás diciendo que han muerto personas porque alguien fue a subir la radio, usar el móvil, fumar , recoger algo del asiento, o ver pasar a alguien por la calle? No puede ser. ¿Merecen las personas morir o sufrir por esto?

Mi reflexión va más allá: ¿Hasta que punto podemos considerar culpable al conductor? ¿Cómo podemos ser culpables de realizar una acción tan simple y banal? ¿Quién no lo ha hecho alguna vez? Resulta inevitable que las personas dejemos de prestar atención a la carretera, porque nos resulta imposible mantener la concentración en conducir continuamente. Si no nos distraemos por un elemento externo, será nuestra propia mente la que nos asaltará con pensamientos y reflexiones.

e. La distracción

Distraerse: apartar la atención de alguien del objeto a la que la aplicaba o a que debía aplicarla (Diccionario de la Real Academia de la Lengua Española, 3ª definición).

Distraerse es humano, y no podemos evitarlo. Lo triste es que tengan que morir personas por ello. Generalmente los remordimientos de los conductores son enormes, y suelen hacer bastante daño emocional, pero gracias a nuestro propio sistema de defensa mental logramos superarlos a la larga, afortunadamente.

Si nos forzamos a mirar fijamente a la carretera, rápidamente surge la fatiga, lo que nos llevará a un déficit de atención. Y cuanto más empeño pongamos en concentrarnos en la vía, menos lograremos hacerlo. En los trayectos largos esta fatiga se traduce en sueño, con el que estamos luchando durante kilómetros. E incluso continuamos conduciendo dando cabezadas o cerrando los ojos durante instantes, pensando que ya falta poco.

En realidad al tratar de estar más concentrados de lo que en realidad podemos, lo único que logramos es perder la capacidad de obtener información del exterior, y continuamos conduciendo como autómatas. En estos momentos, cualquier cambio que se produzca en la vía va a suponer un sobresalto, pero no nos impedirá seguir conduciendo medio dormidos. Si somos concientes de la situación y no queremos que vaya a más, bajamos la ventanilla, o subimos la radio, nos mojamos los ojos con saliva, o movemos la cabeza, con la esperanza de despejarnos. En realidad lo que deberíamos hacer es parar en el primer bar o estación de servicio y lavarnos bien la cara, caminar un poco, tomarnos un cafecito, ir al baño. Cinco minutos invertidos en este descanso nos aseguran que conduciremos de nuevo conscientes de la carretera. De no hacerlo estamos multiplicando por mil la probabilidad de accidente.

f. La conducción subjetiva

La conducción subjetiva la vamos a considerar en dos aspectos diferentes. El primero es la capacidad de percepción, de saber que ocurre realmente a nuestro alrededor. El segundo es como nuestro componente cognitivo: lo que sabemos, y como lo manipulamos para justificar nuestras acciones, alterando así tanto nuestra capacidad de percepción, de decisión y de reacción.

El ser humano es totalmente impredecible en sus acciones, puesto que nuestra parte emocional nos influye continuamente. Este comportamiento es una gran ventaja, puesto que somos capaces de reaccionar de forma diferente ente la misma situación, por lo que podemos crear nuevos modos de solucionar los problemas. Nos permite mejorar, evolucionar en nuestras acciones, en nuestro conocimiento, en nuestra cultura.

También sabemos que cada persona interpreta cada situación de forma personal, de modo distinto. Esto se debe a que cada uno nos fijamos en aspectos diferentes de la misma situación. Esto es plenamente comprobable al hablar con los testigos de los accidentes. Ninguno dará la misma versión de los hechos. Y todos han visto lo mismo.

I. Percepción

Sensación interior que resulta de una impresión material hecha en nuestros sentidos (Diccionario de la Real Academia de la Lengua Española, 2ª definición).

Cuando hablamos de percepción, tenemos que considerar varias limitaciones, que van a determinar nuestra capacidad de captar y analizar el mundo exterior. Son varios los elementos de este sistema de percepción.

El primer elemento es nuestra capacidad biológica de percepción, nuestras limitaciones internas. Como especie tenemos unas características que nos permiten conocer el mundo que nos rodea. Los sentidos que utilizamos para conducir son principalmente dos: la vista y el oído. Menos importante es el tacto, y sólo utilizados de forma esporádica están el olfato y el gusto. Tenemos un determinado rango de visión, tanto en agudeza visual como en espectro de colores. Tenemos un determinado grado de audición, tanto en intensidad (hay sonidos muy bajos que no oímos), en grado de frecuencias (haya sonidos que son demasiado agudos o graves para que los oigamos), como en capacidad para determinar la procedencia de los sonidos. Estos límites nos condicionan la conducción. Si los perros condujeran, seguramente lo harían de forma totalmente diferente a nosotros, porque captan el mundo también de forma diferente.

Estos límites en la percepción también varían personalmente. Cada uno de nosotros posee unas capacidades y limitaciones sensoriales que nos ayudan o determinan la forma de conducir. Está claro que la capacidad de percepción del mundo exterior que posee un anciano no es la misma que la de un joven. Así mismo, las capacidades de una misma persona varían a lo largo de su vida. Y también varían a lo largo del día, dependiendo de cuáles sean sus condiciones de salud o de atención. Factores plenamente fisiológicos (como el sueño, una enfermedad, la falta de vista, etc.) determinan en cada momento nuestra capacidad para conocer el mundo que nos rodea.

El segundo elemento son las condiciones externas que nos rodean en cada momento. Aunque realicemos la misma ruta todos los días, eso no quiere decir que no tengamos que fijarnos en ella, puesto que puede haber cambios inespera-

A determinada velocidad los sentidos se distorsionan, aunque no seamos plenamente conscientes de ello.

Aunque la vista es el principal sentido que utilizamos para conducir, debemos ser conscientes que nuestra capacidad de ver se puede ver drásticamente alterada en escasos segundos, dejándonos sin tiempo para reaccionar. Esto nos ocurre al entrar o salir en lugares con sombra, como los túneles.

dos, que puedan suponer un accidente si consideramos que nuestro vehículo siempre está igual y que la carretera tampoco varía.

En principio somos capaces de ver objetos que estén situados a muchos kilómetros, y de oír ruidos de procedencia lejana. Por lo tanto conduciendo poseemos un rango visual y un rango auditivo bastante amplio, y que aparentemente sólo se ve limitado por la presencia de obstáculos. Y además estas capacidades quedan reducidas por múltiples factores, lo que va a tener consecuencias en nuestra velocidad de respuesta.

La climatología es decisiva en nuestra capacidad de percepción. No es lo mismo conducir en un día despejado que con niebla o con el sol de frente. No es lo mismo conducir en un día despejando que lloviendo o nevando. Incluso el viento limita nuestro rango auditivo. Está claro que una climatología adversa limita nuestra percepción, pero además limita las prestaciones de seguridad del vehículo. Estos dos factores unidos son los que elevan enormemente la posibilidad de sufrir un accidente.

El estado del vehículo influye en nuestra capacidad de percepción. Veamos algunos ejemplos:

- La limpieza de las lunas delanteras y traseras es vital para ver bien. El polvo acumulado en los cristales es capaz de dificultar la visibilidad si tenemos el sol de frente.
- La correcta visibilidad de los retrovisores es vital en la seguridad de la conducción, porque de ella dependen los adelantamientos y las incorporaciones en las autopistas.
- Unos amortiguadores en mal estado hacen que todo el vehículo vibre más, y que se dificulte la visibilidad de los retrovisores.
- Un vehículo con numerosos ruidos (frenos, amortiguación, piezas sueltas, etc.) distraen la atención auditiva del conductor, e interfieren con otros sonidos que procedan de fuera del vehículo.
- Unos neumáticos en mal estado, o con inflado incorrecto, harán que el vehículo vibre y se comporte de forma anómala, lo que influirá en nuestra capacidad de concentración en el mundo exterior.
- La radio con un volumen alto actúa como barrera auditiva para los sonidos externos, que son tan importantes en la conducción, como voces, pitas, sonidos de otros vehículos, etc.

II. El componente cognitivo

Un importante elemento que limita nuestra conducción es nuestro componente cognitivo. En el conocimiento está la base de una correcta conducción. Son muchos los conductores que desconocen muchos aspectos de la normativa actual de tráfico.

Cuando comenzamos a conducir, siempre que tengamos carné y hayamos pasado por una autoescuela, tendremos frescos la mayoría de los conocimientos necesarios para conducir con seguridad. Velocidades máximas, lugares donde podemos adelantar, distancia de seguridad, señales verticales y horizontales, preferencias, cambios de sentido, carga máxima, y un montón más de datos que aflorarán a nuestra mente de forma casi automática, influyendo en nuestra forma de conducir.

En la actualidad existen muchas personas que conducen sin tener carné, sobre todo procedentes de zonas rurales y suburbios marginales. Todos ellos son un verdadero peligro en la carretera porque no poseen ni la más mínima base teórica, y no saben ni de limitaciones ni de seguridad.

Incluso parece instaurado que la única forma de aprender a conducir es con la experiencia de hacerlo, y que un par de años después se obtiene el carné. La realidad es que se adquieren pésimos hábitos de conducción (como no respetar la distancia de seguridad), y que después no hay autoescuela que los elimine.

También muchas de estas personas no obtienen el carné de conducir nunca, pues creen que no es necesario tenerlo. Es frecuente que los cuerpos y fuerzas de seguridad localicen a conductores que llevan más de veinte años conduciendo sin carné, lo cual nos permite tener una visión del peligro real que corremos cada día, porque estos delincuentes (no merecen otro apelativo) conducen creyendo que saben hacerlo, sin carné, sin seguro, y con la seguridad de que en caso de que provoquen un accidente van a salir huyendo.

Pero el problema es que el carné de conducir es para siempre, y nunca recibimos más formación que la obligatoria al obtenerlo. Así estamos conduciendo una media de 60 años con esos conocimientos iniciales.

Somos conscientes de lo que puede cambiar una sociedad en todo ese tiempo, y lo que varían las carreteras, señales, vehículos y normativa. Lo único que recibimos es información de la Dirección General de Tráfico a través de los medios de comunicación cuando varía la normativa, además de la campaña anual de publicidad para disminuir los accidentes, o la información sobre atascos.

Nuestra memoria es limitada y selectiva, por lo que con el paso de los años iremos olvidando la mayor parte de la normativa. Mientras conduzcamos por nuestras rutas habituales no habrán problemas, puesto que las conocemos bien, y aunque sufran cambios sabremos adaptarnos a ellos.

Nuestra limitación se hace evidente cuando viajamos a otra ciudad que desconocemos y nos vemos en la necesidad de conducir. En ese momento nos daremos cuenta de nuestro nivel real de conocimiento. En esa situación la probabilidad de sufrir un accidente se dispara, pues conduciremos inseguros, con cambios bruscos de velocidad o de sentido. Esta situación es fácilmente observable en las ciudades turísticas con alto porcentaje de vehículos de alquiler.

g. Conocimientos y accidentes

Aunque al obtener el carné conozcamos toda la normativa, vamos a pasar por varias fases que nos harán descartar información, hasta llegar a convertirnos en conductores con muchísima experiencia pero con pocos conocimientos actualizados. Además, cada uno de nosotros adaptará la normativa a su gusto y hábitos.

Desde muy jóvenes, que somos conscientes de que podemos conducir un vehículo, hasta el momento en que ya no renovamos más el carné de conducir porque la edad o nuestras aptitudes nos lo impiden, pasamos por muchas fases como conductores. Los años pasan y nosotros vamos cambiando como personas, y también lo hacemos frente al volante. Y a pesar de que sólo nos formamos oficialmente como conductores cuando vamos a la autoescuela, la experiencia que vamos adquiriendo va moldeando nuestros conocimientos sobre conducir. Vamos a ver ahora las diferentes fases que atravesamos.

La primera fase es la **aceptación**, en la cual damos por válida toda la normativa y la memorizamos, interiorizándola como válida. La cumplimos a rajatabla, y nos enfadamos mucho cuando vemos a alguien que la incumple. No nos planteamos la adecuación de la norma a la vida diaria, sino que asumimos que esas son las reglas y hay que cumplirlas siempre. Esta fase puede durar varios meses, dependiendo de cada conductor, pero finalizará en el momento que se familiarice con la ruta habitual.

La segunda fase es la **valoración**, en la que nos comenzamos a plantear la validez o no de terminadas reglas. No es que estén mal, sino que parece que no contemplan todas las situaciones posibles de la conducción diaria. Seguimos teniendo un alto conocimiento de la normativa, pero ahora la consideramos imperfecta. Además nos siguen horrorizando determinados comportamientos de otros conductores, que se saltan las señales y no les ocurre nada.

En esta fase ya comenzamos a conducir más rápido de lo que marca la señalización, pero seguimos siendo muy respetuosos. Sólo en determinadas circunstancias concretas somos capaces de realizar una maniobra incorrecta, pero siempre con gran precaución y sentimiento de culpa.

La tercera fase es la de **discriminación**, en la cual comenzamos a elegir conscientemente que normativa cumplimos y cual no. Ahora somos conscientes que hay determinadas reglas que están mal, generalmente porque las consideramos demasiado restrictivas. De forma consciente vamos eligiendo en nuestra ruta diaria que reglas vamos a respetar y cuáles no.

En esta fase todavía cumplimos la mayoría de ellas aunque consideramos que están mal. Solemos hacer comentarios con nuestros conocidos sobre los fallos de la normativa, y de como todo el mundo se la salta porque es incorrecta.

Una de las primeras normas que nos saltamos es la velocidad máxima. Ya alguna vez tenemos que levantar el acelerador cuando nos encontramos con un vehículo de la guardia civil o policía local. Sin embargo, los consideramos elementos imprescindibles para que el tráfico sea fluido y seguro.

La siguiente fase es la **negación**, en la que ya hemos decidido que normas cumplir y cuales nos saltamos a diario porque están mal, o porque creemos que no se adaptan a la realidad.

Ya las Fuerzas y Cuerpos de Seguridad del Estado no las consideramos en tan alta estima. Es más, muchas de las veces que las vemos nos ponemos tensos, y chequeamos nuestra conducción para estar seguros que no estamos cometiendo ninguna irregularidad. Y es que saltarnos las normas va a ser lo habitual, generalmente las velocidades máximas, el aparcamiento y el uso del móvil. Y es que ya aparcamos en cualquier lugar, aunque impidamos la circulación a otros vehículos o dificultemos la circulación. Y utilizamos el móvil conduciendo, aunque nuestro vehículo se desplace de forma errática y dejemos de atender a la carretera.

Con respecto a la velocidad máxima, ya conducimos de forma automática, y aunque miramos con frecuencia el velocímetro, no respetamos la normativa. Para nosotros cada trozo del trayecto tiene una velocidad adecuada, y trataremos siempre de ir a esa velocidad. Y cuando no podemos hacerlo, por ejemplo por un atasco, nos desesperamos, convirtiéndonos en esos conductores estresados que tocan el claxon continuamente, aceleran y frenan de forma brusca, insultan a todo el mundo, pican luces para que los demás se aparten y que no respetan la distancia de seguridad.

La quinta fase es la **interiorización**, en la que fijamos definitivamente en nuestra mente los conocimientos, valores y actitudes que serán nuestra conducción durante el resto de nuestra vida.

Como fácilmente se puede comprender, lo que vamos a interiorizar no serán todos los conocimientos de la autoescuela, ni lo que aprendimos en las prácticas.

En nuestra mente fijaremos una mezcla de conocimientos, valores y actitudes que habrán pasado antes por todas las fases anteriores, que actuarán como tamices, generándose una información que no tiene que ser toda cierta, pero que será la verdad de cada conductor. Cada uno de nosotros la aceptará como totalmente lógica en la conducción.

Así tendremos nuestra propia gradación de los incumplimientos, que nada tendrá que ver con la gravedad establecida en la normativa. Algunos pensamientos que nos generará esta interiorización serán por ejemplo:

- Aparcar en doble fila no es grave, y además lo hacemos todos. Gracias a ello podremos

La doble fila es consecuencia de nuestro doble rasero para medir las acciones, las nuestras y la de los demás. Supone un grave problema para la fluidez del tráfico, pero está totalmente tolerado por las autoridades, que sólo esporádicamente toma medidas. Resulta obvio que mientras exista el espacio suficiente, los conductores aparcarán en doble fila.

movernos en la ciudad y resolver asuntos que nos llevan sólo un momento (En realidad la doble fila supone un grave problema de seguridad porque entorpece la circulación y elimina la visibilidad, sobre todo en los cruces)

- Si todos vamos más deprisa en la autopista la circulación se agiliza, y todos salimos beneficiados. Se debería penalizar más severamente a los vehículos lentos. (En realidad la velocidad en una autopista depende exclusivamente de la densidad del tráfico y de las condiciones meteorológicas. Estos dos factores no se pueden forzar aumentando la velocidad porque el riesgo aumenta significativamente)
- Los límites de velocidad son incorrectos porque son muy bajos. Conduzco con la misma seguridad a mayor velocidad. (En realidad los límites de velocidad están establecidos para dar un margen de seguridad suficiente para poder conducir sin preocupación)
- Si conduzco lento voy demasiado relajado y es peligroso. Lo mejor es conducir más rápido porque aumento mi nivel de atención. (Al aumentar la velocidad disminuye el tiempo de respuesta, y si se está cansado, el peligro se multiplica)
- Los semáforos los podemos pasar siempre en ámbar o justo cuando cambian a rojo, porque los demás están parados. (En realidad al pasarlos así incumplimos la normativa, poniendo en riesgo a peatones y otros vehículos)
- Pegarme al vehículo de delante es la única forma que los lentos se quiten del camino. Además la distancia de seguridad que guardo es suficiente porque tengo muy buenos reflejos (En realidad pegarse al vehículo de delante a cualquier velocidad supone un accidente por alcance desde el momento que ese vehículo frene bruscamente. Nuestra velocidad de respuesta unida a la capacidad de frenada de nuestro vehículo son los que determinan la distancia de seguridad, que debe respetarse siempre)
- En este paso a nivel no respeto el semáforo. Se pone en rojo demasiado tiempo, y ya lo tengo controlado. Tarda algunos segundos hasta que pasa el tren, y me da tiempo de pasar (Jugando así peligrosamente con el factor tiempo, disminuyendo peligrosamente el margen de seguridad)
- No tengo carné porque no tengo tiempo ni dinero para sacármelo. Pero no importa, yo conduzco con cuidado y lo hago mejor que otros que si lo tienen (No pasar por una autoescuela es conducir sin los adecuados conocimientos, valores y actitudes, poniendo en grave riesgo a todos)
- Aparcar en esta esquina apenas molesta a nadie. Si no viene ningún camión, el resto de vehículos puede girar, y los peatones pueden pasar por otro lado (En realidad los vehículos aparcados en las esquinas quitan visibilidad, haciendo más peligrosos los cruces, y además obstaculizan gravemente el paso de otros vehículos y de los peatones, sobre todo de los que tienen limitaciones físicas o llevan carritos de bebé o de la compra)

En esta última fase de interiorización ya no existe el remordimiento después de cometer la irregularidad, porque creemos que estamos

Aparcar aprovechando las esquinas entorpece tanto el tráfico de vehículos como de personas.

haciendo lo correcto. Incluso algunas veces ni siquiera tenemos cuidado cuando vemos a los agentes de tráfico cerca.

A medida que pasen los años en esta fase conduciremos cada vez peor, pero con una autocomplacencia mayor. Pensaremos que pocos conducen como uno mismo, cuando en realidad estamos poniendo en peligro a los demás y entorpeciendo el tráfico. De vez en cuando recibiremos alguna bronca de algún conductor que cree que conduce mejor que nosotros.

Cada persona pasa por estas etapas de forma totalmente diferente. Cada etapa tiene una duración determinada, y no todos llegan a la última de ellas. Hay quién se queda en una anterior, y no evoluciona hasta la última. Lo que queda claro es que cada conductor va a vivir su vida de conductor de forma personalizada, y existen tantas formas de conducir como conductores.

Si en esta última etapa adquirimos algunos buenos hábitos (como utilizar intermitentes, respetar una distancia de seguridad adecuada, respetar la señalización, etc.) estos nos acompañarán siempre, los realizaremos durante toda nuestra vida de forma automática. Si no adquirimos buenos hábitos, nos hemos convertido en conductores que somos un peligro en la carretera y nos pasamos el día luchando contra los demás (que por supuesto creemos conducen mucho peor que nosotros).

Por esto es tan importante la educación vial, y por esto debe ser permanente. Porque debemos adquirir conocimientos, interiorizar valores y desarrollar actitudes que sean positivas para nosotros y para los demás.

Actualmente la única escuela de los conductores con experiencia es la calle, y tratamos de aprender de nuestros errores. No hace falta recalcar que el desconocimiento de una norma no exime de su cumplimiento, por lo que tenemos la obligación de estar al día aunque nadie se moleste en mantenernos informados. La DGT realiza campañas para prevenir los accidentes, con la idea de que mejoremos nuestra conducta al volante, e informa cuando algún cambio importante se produce en la legislación. Pero no es lo mismo informar que formar.

Y tenemos la obligación de ser siempre buenos conductores aunque nadie nos enseñe a serlo a lo largo de nuestra vida.

h. El componente emocional y sus relaciones

No somos máquinas, afortunadamente, y nuestro comportamiento está claramente influenciado por nuestras emociones. Tener emociones es una

Las limitaciones de velocidad que no nos parezcan "lógicas" no suelen ser respetadas. Si se cumplieran, el tráfico no sería fluido.

gran ventaja evolutiva, pero no es exclusiva de los seres humanos, puesto que otras especies también las tienen, desde primates a perros y gatos.

Como conductores tenemos una forma de conducir adquirida que puede ser prudente o más agresiva, y que pasará por las fases que acabamos de ver. Pero además nuestras habilidades se van a ver influenciadas por nuestro estado emocional, que las alterará.

Si pudiéramos vernos conducir, nos daríamos cuenta de lo mucho que variamos nuestra conducción diariamente a pesar de realizar el mismo trayecto. Somos individuos con un alto componente emocional, influidos por nuestros pensamientos, lo que se traduce en variaciones en todos nuestros actos. Sólo las acciones que realizamos de forma automática se libran de ese control emocional.

Esto hace que dentro de cada vehículo que nos rodea en la carretera hay personas que están conduciendo y que al mismo tiempo están tristes o deprimidos, o quizás eufóricos y contentos, o enfadados con el mundo, o absortos en sus pensamientos, o discutiendo con los acompañantes, o riéndose con ellos, quizás no vean bien la carretera por las lágrimas de alegría o de tristeza, o estén concentrados en una conversación profunda, etc.

Como no podemos quitarnos las emociones, al volante éstas tomarán muchas veces el control de nuestra conducción, aumentando enormemente la probabilidad de un accidente. Nos volvemos peligrosos porque disminuimos la atención de la calzada, porque dejamos de usar nuestros sentidos para conducir, porque desviamos nuestros pensamientos de la conducción.

Un conductor principiante estará tan absorto tratando de controlarlo todo, que apenas tendrá un momento de distracción. Pero a medida que aumenta nuestra experiencia podemos disociar nuestra mente en dos: una se encarga de conducir y la otra parte nos permite pensar y distraernos. Con experiencia la parte automática controla la situación, y nosotros estamos absortos en nuestros pensamientos. Pero sin darnos cuenta nuestras emociones están influyendo en nuestra conducción de varias maneras: aumentando la distracción, alterando nuestra concentración visual, variando la velocidad, disminuyendo nuestra capacidad de respuesta.

En estas circunstancias se producen frecuentemente accidentes por alcance en autopista o atropellos en ciudad. Estamos absortos en nuestros pensamientos, y conducimos automáticamente, hasta que algo nos llama la atención, lo que nos distrae totalmente de la carretera. Si en ese momento el vehículo que llevamos delante frena o se nos cruza alguien, es prácticamente seguro que chocaremos, puesto que teníamos la atención fijada en algo que en realidad no tenía ninguna importancia desde el punto de vista de la seguridad.

Nuestra forma de ser influye definitivamente en nuestra forma de conducir. Las personas tranquilas y prudentes en su vida cotidiana suelen ser también tranquilos y prudentes conduciendo. Y las personas que son inestables y fácilmente alterables suelen ser malos conductores. Nuestra personalidad como ciudadano influye en nuestra personalidad como conductor.

Podemos afirmar que cada ciudadano posee una personalidad de conductor, que generalmente concuerda con su forma de ser, pero a veces no. Existen conductores agresivos, impulsivos y que insultan continuamente, que cuando se bajan del vehículo son personas agradables. Esto en parte es consecuencia del anonimato que ofrece el vehículo, que nos permite expresarnos sin que apenas nos vean la cara y sepan quienes somos.

h.1 Nuestro código ético

Dentro de nuestra personalidad como conductores tenemos nuestro propio código ético, dentro del cual está nuestro sentido de la justicia, que por supuesto es parcial, discriminatorio, lleno de prejuicios y totalmente injusto.

La primera consideración con respecto a nuestro código ético es el diferente rasero con el que valoramos los hechos. Este doble rasero lo aplicamos en primer lugar con nosotros mismos, puesto que somos muy permisivos con nuestras acciones pero poco permisivos con los demás. Si nosotros aparcamos en doble fila pensaremos "es sólo un segundo, y los demás pueden pasar", pero si en el mismo lugar hay otro vehículo aparcado y nosotros pasamos pensaremos "este desgraciado, que no sabe ni aparcar". Lo mismo haremos con otras situaciones cotidianas, como con el exceso de velocidad dentro de la ciudad y en las autopistas, el aparcar en pasos de peatones, salidas de garajes, islas, y otras zonas no autorizadas, etc.

Otro ejemplo muy claro de este doble rasero es el respeto de la distancia de seguridad en la autopista. A nadie nos gusta que "nos coman el culo", no respetando la distancia de seguridad y poniendo en riesgo real a ambos vehículos y a los vehículos cercanos, pero muchas veces somos nosotros los que nos pegamos al vehículo de delante, y encima "el tío tarda en quitarse, ¡Déjame pasar ...., no ves lo lento que vas!". El refrán "antes se ve una paja en el ojo ajeno que una viga en el propio" se puede aplicar perfectamente a nuestro código ético de conductor.

Dependiendo de nuestros valores juzgaremos inmediatamente a los demás conductores, porque todos conducen peor que uno mismo. Y se oyen frases como "mujer tenía que ser", "mira el gordo este","los extranjeros no saben conducir", "quítate de ahí inútil" y un largo etcétera totalmente infundado, pero basado en cómo interpretamos la realidad y en nuestros prejuicios.

Cuando vemos algún problema en la carretera en el que un conductor tiene que tomar una deci-

La doble fila supone uno de los problemas de circulación mas graves que tenemos, pues vuelve inutilizables carriles enteros.

sión que está meditando, todos sabemos mejor que él lo que tiene que hacer, y hasta se lo gritamos por la ventanilla. En realidad no podemos ponernos en el lugar de los demás y encima nunca tenemos toda la información necesaria para juzgar los acontecimientos, por lo que nuestras valoraciones suelen ser incorrectas o inexactas.

La segunda consideración con respecto a nuestro código ético es como aplicamos justicia. Nos convertimos en juez, abogado acusador y ejecutor de la condena de forma inmediata. Es terrible ver que como conductores perdemos nuestra personalidad pacífica y amable, y muchas veces con convertimos en seres insolidarios y sobre todo vengativos. En parte amparados en la sensación de impunidad que nos ofrece el anonimato, realizamos acciones verdaderamente peligrosas sólo por vengarnos de una situación anterior que consideramos injusta. Si nos han "comido el culo", se lo comemos; si frenaron brusco, nos ponemos delante y frenamos de golpe.

h.2 Conductor seguro = sentido común

Lo realmente importante es que nos convirtamos en buenos conductores, que tengamos una personalidad de conductor aceptable, independientemente de como seamos en nuestra vida privada. Y esto sólo lo alcanzaremos cuando con comportemos adecuadamente al volante. Para ello deberemos poseer unos conocimientos correctos y actualizados, unos valores que nos permitan juzgar adecuadamente las situaciones, y unas actitudes que nos hagan conducir con seguridad. Si logramos interiorizar unos hábitos diarios correctos, seremos unos conductores seguros.

Y no sólo seguridad. Un buen conductor pone ante todo la seguridad, pero también hay otros elementos a considerar, como el respeto los demás, la empatía (saber ponerse en el lugar de otra persona), la amabilidad, la previsión, la capacidad de aprender de nuestros errores. En definitiva un buen conductor es aquella persona que tiene sentido común y lo aplica a todos los aspectos de la conducción.

Si cuando conducimos no tenemos la atención puesta en la carretera, perdemos la oportunidad de utilizar uno de los hábitos más importantes del buen conductor: la previsión.

h.3 La previsión

Es el elemento que permite conducir más ágilmente y de forma mas segura, porque optimizamos la conducción. Si vamos por la autopista por el carril de la derecha y vemos un camión delante de nosotros, procuraremos adelantarlo antes de que lleguemos a él, porque sabemos que si nos quedamos justo detrás tendremos que reducir la velocidad y nos costará más adelantarlo después. Es por esto que nos cambiamos de carril antes de llegar a él, dando agilidad a nuestra conducción y al tráfico en general. Evitar las calles donde se crean los mayores atascos en las horas puntas es otra forma de previsión. Incluso si evitamos utilizar el vehículo somos previsores y le estaremos dando agilidad al tráfico, evitando que nuestro vehículo se una a los miles que están en los atascos. También somos previsores si al ir por el carril de la derecha en una autopista vemos que un vehículo se va a incorporar por un carril de aceleración y nosotros nos cambiamos de carril para facilitarle la maniobra.

Otro ejemplo de previsión es cuando decidimos colocarnos en los carriles que nos aseguran que saldremos de una vía girando a la derecha o la izquierda. Podemos colocarnos en la cola correspondiente desde el final, o darnos cuenta tarde, y tener que esperar interrumpiendo el tráfico hasta que alguien nos deje "colar". También los hay que se hacen los despistados para saltarse la cola, y con esa actitud no solidaria impide la fluidez del tráfico y rompe con las normas de urbanidad, ganándose una generosa pitada.

La previsión es debida a la combinación de nuestros conocimientos y experiencia, nuestros valores como conductores y nuestra actitud

Se generan colas para salir de una vía hacia izquierda o derecha, obstaculizando al tráfico que sigue de frente.

frente al volante. El conductor que prevea las situaciones y reaccione adecuadamente es un "conductor inteligente".

Tenemos que adelantarnos a los acontecimientos, no esperar a que estos sucedan y después lamentarnos por no haber hecho nada para evitarlos. Es por esto que la previsión nos permite conducir de forma más segura, porque con ella evitamos realizar acciones de las cuales ya sabemos que tienen consecuencias negativas, como el exceso de velocidad, o aparcar en lugares no autorizados, perjudicando a los demás con nuestra conducta.

Muchas veces es el egoísmo quién dirige nuestra previsión, y dejamos de tener actitudes negativas no porque realmente creamos que es adecuado no realizarlas, sino porque con anterioridad nos han castigado por ese comportamiento y no queremos ser reprendidos de nuevo. Si la grúa se nos llevó el vehículo de determinada calle, lo más probable es que no volvamos a dejarlo en el mismo lugar. Pero desgraciadamente los conductores sufrimos de amnesia selectiva, y nos olvidamos rápidamente de lo que no nos interesa recordar.

La previsión es muy importante porque nos permite imaginar las situaciones antes de que se produzcan, y podemos tomar las medidas de protección necesarias antes de encontrarnos realmente frente al peligro. A veces esos escasos segundos de diferencia son vitales para salvar la vida. Si tenemos interiorizada la previsión, la utilizaremos de forma automática, conduciendo de forma ágil y segura. Con esto nos anticipamos a los posibles riesgos, y los eliminamos de nuestro futuro.

Un ejemplo de previsión lo tenemos en los carriles de aceleración al entrar en las autopistas. Si somos previsores, cuando vayamos a entrar en la autopista lo primero que hacemos automáticamente es valorar la velocidad de los vehículos que circulan dentro de la autopista y los huecos que hay en medio en los que podremos meternos, de forma que cuando entramos en el carril de aceleración aceleramos lo suficiente hasta alcanzar una adecuada velocidad que nos permita unirnos al tráfico de la autopista de forma ágil. Si no fuimos previsores, como les ocurre a los conductores noveles, llegamos al final del carril de aceleración y después miramos a ver si podemos entrar en la autopista. Esta conducta es incorrecta y muy peligrosa, porque nos vamos a quedar parados pegados a la autopista, y hemos perdido la oportunidad de entrar en ella con velocidad, por lo que para incorporarnos necesitaremos que haya un espacio muy considerable entre dos vehículos. Los que vienen detrás de nosotros sólo tienen dos opciones: 1ª cumplir la normativa parándose detrás de ti, perdiendo así la oportunidad de entrar en la autopista o 2ª

Aparcar en las islas supone un grave problema de seguridad y de visibilidad.

ignorarte adelantándote y entrando en la autopista, con grave riesgo para todos. Así, al haber actuado con falta de previsión, estamos entorpeciendo el tráfico y generando situaciones y reacciones que aumentan el riesgo de accidente.

La previsión tiene dos pasos bien diferenciados. Por un lado se encuentra el razonamiento lógico, que lo efectuamos como consecuencia de la observación del entorno y de su comparación con nuestro conocimientos y experiencias previas. Este razonamiento nos llevará a una conclusión, que es que lo creemos que debemos hacer. Ya sabemos lo que tenemos que hacer. El segundo paso es la ejecución, que es la puesta en práctica de lo que sabemos debemos hacer. Para llevarlo a cabo necesitamos un factor muy importante, que es la determinación. No sólo hay que saber lo que debemos hacer, sino que tenemos que tener el valor de realizarlo. Un conductor novel tiene poca previsión no porque no sepa lo que hay que hacer, porque además tiene todos los conocimientos muy frescos, sino porque le falta experiencia y el valor (determinación) para realizarlo. Lo mismo le ocurre a un conductor anciano, que posee todos los conocimientos pero se siente inseguro, generalmente porque le fallan los sentidos y los reflejos.

Al ser previsores, estamos creando nuestro propio futuro, en vez de esquivar las situaciones

Actuar con previsión en los carriles de aceleración resulta imprescindible para disfrutar de una conducción fluida y segura.

a medida que se producen. Al estar prevenidos, nunca se producirán situaciones que concluyan en accidente y que nosotros tengamos alguna responsabilidad. Por supuesto existen algunos hechos que pueden suceder de forma inesperada y que están fuera de nuestro control, pero utilizando la previsión los daños de estos acontecimientos serán siempre menores.

Lo realmente importante de tener previsión es que no sólo nos protege de las situaciones de riesgo que nosotros valoramos, sino que nos protege de las situaciones inesperadas. La mayoría de los accidentes se producen porque algún conductor realizó alguna maniobra que el resto de los conductores no esperaba, y ante ese peligro no valorado no estamos preparados para actuar porque no hemos tomado medidas preventivas previas. Por eso es tan importante llevar a cabo todas las medidas de seguridad que podamos en nuestra conducción diaria, porque así estaremos vacunados contra situaciones de peligro que no esperamos. Así definimos medidas de seguridad pasivas aquellas que nos protegen cuando se produce el accidente, como el cinturón de seguridad, y como principal medida de seguridad activa a la previsión.

La previsión que realizamos es totalmente subjetiva y parcial, y como no podemos controlar todo nuestro entorno ni prever que va a suceder dentro de un minuto, a veces nos ponernos en situaciones de riesgo sin ser conscientes de ello. Cada persona tiene un umbral de riesgo para cada situación, por lo que conducimos de forma diferente. Para lo que unos es una forma de conducir agresiva y arriesgada, para otros puede ser lenta e ineficaz. Por lo tanto, la conducción es totalmente diferente según nuestro grado subjetivo de riesgo.

Porque queremos llegar antes a un lugar, o no llegar tarde a una cita, o simplemente por hábito, muchas veces arriesgamos nuestra vida y la de los demás. Asumimos colocarnos en situaciones de riesgo conscientemente, porque en nuestro interior presuponemos que lo peor no nos va a suceder a nosotros. Esta presunción incorrecta provoca muchas muertes al año. Un claro ejemplo es la falta de respeto por la distancia de seguridad en la autopista. Nosotros sabemos que si por cualquier causa el vehículo que tenemos delante frena bruscamente nos lo vamos a comer, pero así todo nos pegamos a él lo más posible, haciéndole presión para que se aparte.

El problema es que muchos conductores han convertido este comportamiento erróneo en hábito, por lo que la probabilidad de que sufran un accidente se multiplica. ¿Es que los conductores que se comportan así no saben las consecuencias de un accidente por alcance? ¿Es que no han visto las escenas de accidentes, no han escuchado la radio o han visto la televisión?¿Es que no conocen a nadie que haya sufrido un accidente? Por supuesto que tienen los conocimientos correctos, y saben que si el vehículo de delante frena las consecuencias van a ser terribles, pero es que todos los conductores sufrimos dos síndromes que trataremos a continuación: el síndrome de falsa superioridad y el síndrome de falsa inmunidad.

Cuánto mayor sea nuestra afección por estas dos "enfermedades mentales", peores conductores seremos: más agresivos, más peligrosos, más insolidarios. Ambas de deben al mismo defecto en la psicología personal: el exceso de ego. Nuestro ego se va alimentando a lo largo de nuestra vida, desde el mismo momento que somos conscientes de nuestra propia existencia. Creemos que el mundo gira alrededor de nosotros, y tratamos de manipular al resto de seres humanos para que siga siendo así. Como esta característica de nuestra personalidad varía a lo largo de nuestra vida, e incluso depende de nuestro estado de ánimo, estos dos síndromes variarán continuamente según nuestro carácter, lo que repercutirá en nuestra forma de conducir.

Sufrimos **falsa superioridad,** o lo que es lo mismo, nos creemos más importantes que el resto de las personas, especialmente en la carretera. Estamos convencidos que tenemos más derecho que los demás a estar conduciendo. De hecho, los consideramos un estorbo, que no hacen sino ponerse delante y molestarnos con su presencia y sus maniobras. Por supuesto, todos conducen peor que nosotros, y cada situación la hubiéramos resuelto más rápida y eficazmente que los demás.

Esta falsa percepción de nosotros mismos y de los demás la llegamos a interiorizar de tal forma que distorsionamos nuestra propia percepción de la realidad, interpretando lo que nos ocurre en la carretera a través de este cristal turbio. Esto sólo nos conduce a arriesgarnos mucho más de lo prudente, y a ser unos conductores insolidarios y egoístas.

Y no sólo nos sentimos superiores a los demás conductores, sino que en realidad sabemos más incluso que la propia Dirección General de Tráfico, y nos saltamos muchas de las restricciones porque las consideramos incorrectas, como las velocidades máximas, las zonas de aparcamiento, las prohibiciones de giros o cambios de sentido, las prohibiciones de adelantamiento, etc. En definitiva, tenemos que adaptar el Código de circulación a nuestros intereses, porque incluso este está mal redactado.

Desde que somos pequeños nos fomentan la autoestima, y realmente cada uno de nosotros es algo único e irrepetible, pero en ningún caso tenemos el derecho a creernos que estamos por encima de los demás. Si existiera el respeto al prójimo muchas de las leyes actuales no existirían. Pero este complejo de superioridad y de que "yo hago lo que me da la gana" nos acompaña toda nuestra vida. Si somos personas decentes, sólo en algún arrebato nos saldrá ese monstruo que llevamos dentro. Si somos prepotentes, nos acompañará todos los días.

La lucha por la supervivencia es inherente a todas las especies, pasando por encima de otras especies o de individuos de la nuestra. Sólo la convivencia en sociedad ha logrado amortiguar esta realidad, gracias a normas, vigilancia y castigos para los infractores.

Pero por muchas normas que elaboremos, por mucha vigilancia que desarrollemos y por muchos castigos que apliquemos, nunca lograremos que determinados individuos de nuestra sociedad dejen de sentir que están por encima de la ley y de los demás. A esos individuos hay que quitarles todas las herramientas y oportunidades con las que pueden hacer daño a los demás, y una de las más peligrosas es el vehículo a motor.

Incluso sin carné de conducir, muchos siguen conduciendo en nuestras carreteras, por lo que hay que eliminar cualquier posibilidad que conduzcan, y la forma es restringiendo la circulación de vehículos. Porque, ¿Alguien quiere ser víctima de estos asesinos?, o ¿Quién quiere ser uno de esos asesinos?

La otra enfermedad que sufrimos es la **falsa inmunidad**, o lo que es lo mismo, nos creemos inmortales e invulnerables. Cuando vemos un accidente, o visionamos una campaña publicitaria sobre los accidentes en la carretera, nuestra primera impresión es de cierta curiosidad, repugnancia y dolor, pero pronto son amortiguados estos sentimientos por esa falsa creencia subconsciente de que a nosotros no nos pasará nunca eso. Conduzcamos tranquilamente o a lo loco, no somos realmente conscientes de lo débiles y vulnerables que somos dentro de un vehículo, y mucho más por fuera.

Como ejemplares de la especie humana, nuestro cuerpo no está preparado para resistir los fuertes impactos que se producen en la carretera, y aparte de morir, es fácil sufrir politraumatismos y lesiones para el resto de la vida. Poseemos un esqueleto óseo bastante resistente sobre el que descansa el tejido blando, formado por nuestros órganos y musculatura, y todo cubierto por una fina capa de piel. Somos extremadamente vulnerables a los golpes directos y a los impactos en que nos vemos desplazados.

Aparte de la violencia que llevan implícitos los accidentes de tráfico, también podemos destacar su rapidez. Son prácticamente instantáneos. En una fracción de segundo nuestro cuerpo y vehículo son sometidos a tales fuerzas que suponen el aplastamiento de todo el material, y el lanzamiento de todos los objetos sueltos a una velocidad impresionante, convirtiéndolos en proyectiles con gran poder de destrucción.

Pero hay algo en nuestro interior que nos dice que nada malo nos va a pasar, y que nunca seremos víctimas. Sólo cuando sufrimos un accidente de tráfico salimos de esa nube de impunidad, y nos trae al mundo real, donde muchas personas de todas las edades y condición mueren al año en nuestras carreteras, siendo conscientes momentáneamente de nuestra frágil existencia.

Tanto si hemos sido los responsables del accidente como si fuimos víctimas, nos prometemos que tomaremos todas las medidas necesarias para que esto no vuelva a suceder. Pero las promesas se diluyen rápidamente, y pronto volvemos a conducir despreocupados, aunque a veces nos acordemos de aquellos trágicos sucesos.

Nuestra mente nos dice que no somos como los demás, sino que somos únicos, irrepetibles. Y es cierto, cada uno de nosotros es una joya que jamás se tallará otra igual. Pero eso no quiere decir que seamos invulnerables. En realidad somos muy frágiles y débiles, y es un milagro cada día que seguimos vivos.

Y ese milagro no lo respetan muchos individuos que hacen caso omiso de todas las advertencias sobre su propia seguridad, incluyendo las que su propio organismo genera cuando se siente en peligro. Estas personas, que conducen como si fueran indestructibles, son un verdadero peligro en la carretera, y es impredecible cuándo y donde provocarán un accidente, llevándose por delante su vida y la de los demás. A estos individuos hay que quitarles las herramientas para que generen un accidente, y la mejor forma es evitando que utilicen un vehículo a motor. Debemos restringir por ello la circulación de vehículos. Tenemos que eliminar el tráfico privado. Porque, repitiendo las preguntas anteriormente formuladas, ¿Alguien quiere ser víctima de estos asesinos?, o ¿Quién quiere ser uno de esos asesinos?

Lo que nos tiene que quedar muy claro es que el tráfico en toda su dimensión está totalmente condicionado por el componente emocional de todos y cada uno de los conductores que diariamente salen con su vehículo a la carretera, y que introducen en ella algo más de incertidumbre, añaden verdadero peligro, certeza de accidente.

Problemas relacionados con la seguridad personal

Cuando aparecieron los vehículos a motor se consideraban unos artificios extraños que eran más un capricho de algunos ricos que un sistema efectivo de desplazamiento. Cada vez aparecían más vehículos en las calles, que iban desplazando a los carruajes y a las personas a pie. Cuando se produjeron los primeros atropellos, no quedó más remedio que separar a los vehículos de las personas a pie. Las aceras limitaban ahora los lugares por los que podían caminar los viandantes.

A medida que los vehículos adquirían mayor velocidad, se crearon vías exclusivas para ellos, donde no se permitía la entrada a personas u otros vehículos, como bicicletas.

Y esa ha sido, por seguridad, la tendencia hasta hoy: separar el tráfico rodado de los viandantes, dando prioridad a los vehículos. Pero esto resulta imposible puesto que ambos comparten el mismo espacio físico, las calles de nuestras ciudades y pueblos. Incluso las autopistas y autovías, en las que se supone se ha logrado la perfecta separación, se siguen produciendo accidentes porque personas, animales u objetos se introducen en ellas.

La problemática con respecto a la seguridad la podemos dividir en dos apartados: seguridad vial del tráfico, e inseguridad ciudadana.

a. Seguridad vial del tráfico

Como seguridad vial del tráfico consideraremos todas las situaciones de inseguridad que se producen como resultado de un tráfico rodado normal, en el que los conductores están usando su vehículo para trabajar o desplazarse.

Un vehículo es sólo una herramienta más que disponemos en nuestra vida cotidiana, que nos permite desplazarnos. Aunque son muchos para los que el vehículo es una herramienta imprescindible de trabajo, bien porque trabajan conduciéndolo, o porque gracias a él pueden desplazarse a su puesto de trabajo.

Los vehículos son parte imprescindible de cualquier sociedad moderna. No podemos concebir una ciudad sin ellos ocupando nuestras calles.

Nos hemos acostumbrado tanto a su presencia que no somos conscientes de todas las situaciones de peligro que sufrimos diariamente. Tenemos interiorizadas todas las acciones que tenemos que realizar cuando vamos por la calle, y no nos damos cuenta de que como peatones somos extremadamente vulnerables.

Al igual que nos comportamos como conductores, para desplazarnos a pie utilizamos la previsión. Y damos por supuesto que se van a producir una serie de acontecimientos que trataremos de controlar para seguir con fluidez nuestro camino. Así presuponemos por ejemplo que:

- cuando cambie el semáforo todos los vehículos de van a detener y podremos pasar despreocupados.
- ese vehículo va a girar hacia allí porque tiene el intermitente encendido hacia ese lado, por lo que nosotros podremos ir hacia el otro lado.
- todos esos peatones están cruzando la calle ahora por ahí, por lo que nosotros también podemos pasar por el mismo lugar.
- Ese vehículo va a una velocidad determinada, y tenemos tiempo para cruzar.
- El conductor me está viendo mientras cruzo la calle.
- Ese vehículo está aparcando, y no va a dar marcha atrás en este momento, por lo que puedo pasar por detrás ahora.
- He mirado a los dos lados de la calle, y no va a pasar ningún vehículo, por lo que puedo cruzar ahora.

- Es de noche y no veo ninguna luz, por lo que puedo cruzar la calle porque no vienen vehículos.
- Tengo unos auriculares puestos con mi canción favorita, y aunque no oiga el exterior, para estar atento me sobra con la vista.
- Un semáforo en rojo para vehículos supone que ninguno se lo va a saltar, por lo que podemos pasar.
- Si vamos caminando por la acera ningún vehículo va a subirse a ella y atropellarnos.
- En las salidas de garajes que dan directamente a una acera, todos los conductores que salgan lo harán despacio y con precaución, comprobando que no hayan peatones pasando tanto al entrar como al salir.
- Puedo caminar por el borde de la acera porque ninguna persona se va a tropezar conmigo o me va a empujar a la carretera.

Las salidas de garaje suponen un peligro evidente para los peatones, sobre todo las de grandes edificios o de aparcamientos públicos. Los vehículos suelen salir directamente a la acera, con alta probabilidad de atropello.

Que los conductores respeten los pasos de peatones resulta imprescindible para disminuir los accidentes. Y sabemos que siempre habrá conductores que no lo harán.

- Estoy cruzando un paso de peatones, por lo que los vehículos que están acercándose van a frenar hasta detenerse.
- La pelota se ha caído a la calle por lo que puedo ir a buscarla sin peligro.

Y como conductores, damos por supuesto una serie de acontecimientos que nos permiten conducir con más fluidez dentro de la ciudad. Muchos de estos hechos están relacionados con los peatones. Algunos ejemplos son:

- Ese peatón que está cruzando por el paso de peatones no se va a parar en medio, ni va a dar la vuelta bruscamente.
- Nadie de las personas que están caminando por la acera tiene la intención de cruzar la calle sin mirar.
- Ningún peatón va a salirse de la acera bruscamente.
- No hay muchos vehículos por lo que puedo acelerar bastante. Ninguna persona, animal u objeto va a aparecer de improviso en mi camino.
- El semáforo ya lo tengo en rojo pero sigue en rojo para peatones por lo que puedo aprovechar ese segundo para pasar con mi vehículo.
- He activado mi intermitente por lo que todos los peatones esperarán en el cruce hasta que yo pase.

- Estoy aparcando por lo que ningún peatón se pondrá a pasar entre los vehículos en los que me encuentro.
- Tengo el semáforo en verde por lo que puedo acelerar porque ningún peatón se lo saltará.
- El resto de vehículos me ve bien, y ninguno me chocará enviándome a la acera donde están los peatones.
- Todo está controlado, por lo que puedo distraerme con el acompañante, hablando por el móvil o tocando el equipo de música.

Todas estas presunciones las asumimos como ciertas porque es la forma que tenemos de ir despreocupados y sin prestar atención consciente y permanente a la calle y su tráfico, algo que sería estresante e ineficaz.

Pero la realidad es que estas afirmaciones no siempre se cumplen. Muchas veces se producen accidentes porque confiamos en que nada va a suceder fuera de lo normal y previsible.

Los accidentes se producen porque la previsión que habíamos realizado no se cumple, y nos sucede algo inesperado para lo que no tenemos capacidad de respuesta. Respondemos demasiado lentamente para poder evitar el accidente, o ni siquiera podemos realizar alguna acción.

Los peatones se pueden comportar de forma imprevista, aun cuando pasen por los pasos de peatones, por lo que como conductores debemos ser extremadamente prudentes y previsores, pues un atropello puede ser mortal fácilmente.

Los ciudadanos debemos arriesgar nuestra vida diariamente cruzando las calles, sea o no de forma adecuada. Nadie nos puede asegurar que no nos van a atropellar nunca.

Es por esto vital para no sufrir accidentes respetar las normas de tráfico, y al mismo tiempo respetar la previsión.

La previsión va a depender de las características de la vía, del estado del vehículo y de nuestro propio estado. Y hay que recordar siempre que es imposible disponer del 100% de información, por lo que no podemos controlarlo todo. Si dejamos de cumplir la normativa estamos aumentando nuestro nivel de riesgo, y si no actuamos con previsión, el riesgo es muy alto. Tanto, que sólo hace falta una pequeña incidencia para que nos cueste la vida.

Veamos el ejemplo de la autopista. Si en España no superamos los 120 Km./h estamos cumpliendo la normativa; si guardamos la distancia de seguridad, estamos siendo además previsores; si encima vamos pendientes de la carretera, hemos llevado a revisar el vehículo y lo tenemos en buen estado, estaremos preparados ante cualquier incidencia. La probabilidad de accidente es muy baja.

Si vamos a 160 Km. /h, la carretera está despejada, tenemos buena visibilidad, y estamos cumpliendo el resto de los requisitos (distancia de seguridad, atención, previsión, estado del vehículo, etc.) posiblemente no suframos ningún accidente, pero estamos limitando ese margen de seguridad que nos dan los otros requisitos. En una situación normal, podremos conducir a esta velocidad sin que nos sintamos en peligro, y hasta es posible que lo convirtamos en rutina. Pero eso no significa que lo estemos haciendo correctamente, y además podemos ser multados por ello. Las normas están para cumplirlas, y si consideras que son injustas, hay que luchar activamente por cambiarlas, pero mientras existan hay que cumplirlas.

Hay que pensar que la seguridad es como una burbuja enorme que nos envuelve, protegiéndonos. Cuantas más medidas se seguridad realicemos, más grande será esa burbuja. Cualquier incidente inesperado atravesará esa burbuja tratando de llegar a nosotros y afectarnos. Pero si la burbuja es grande no lo logrará, y todo que habremos pasado será un incidente, es decir, un hecho sin consecuencias que además nos sirve para reforzar nuestros comportamientos correctos de seguridad. Será una anécdota para contar a los demás.

Pero si incumplimos con la seguridad, tendremos una burbuja muy pequeña que apenas nos cubrirá, y cualquier incidente se convertirá en accidente. Esto es lo que ocurre con la distancia de seguridad en las autopistas y autovías. Muchos conductores la incumplen de forma sistemática, y parece que nunca les ocurre nada. Pero el día que sucede una incidencia que supone un parón brusco del tráfico, se produce un choque en cadena con muchos vehículos implicados. Es decir, un incidente se convierte en accidente. Pudo haber sido niebla, o un accidente previo, u obras, o simplemente debido al exceso de vehículos. Muchas veces nos detenemos en la autopista y no sabemos por qué, volvemos a circular y nunca nos enteramos que pasó en realidad. Realmente no vale la pena jugarse la vida por nada, ¿Verdad?

La burbuja es real, pero no es tan grande como creemos. En realidad existen dos burbujas, la que nosotros creemos que existe, que está sobredimensionada por nuestra subjetividad, y la real, más pequeña y frágil, que es la que nos está protegiendo. Nosotros creemos que con la distancia de seguridad que llevamos estamos protegidos, pero generalmente no es así. La distancia por nosotros elegida suele ser insuficiente en caso de frenada total.

Es importante ser conscientes que la normalidad no existe. Ni un sólo día de nuestra vida es igual al anterior, y lo mismo podríamos decir de la carretera y nuestra experiencia como conductores. Cada mañana no podemos predecir que nos va a suceder. No debemos dar por supuesto que podemos conducir al máximo de velocidad todos los días, aunque realicemos siempre el mismo trayecto.

Desgraciadamente se producen accidentes a diario que producen atascos imprevistos. Y generalmente estos accidentes generan atascos en ambos lados de la vía. En un lado, porque el accidente ocupa la vía. En el otro lado, porque la curiosidad de los conductores provoca el atasco. En estos casos la probabilidad de accidente es mayor en este lado, porque los conductores no tienen enfocada la atención en su carril.

Dentro de los accidentes en los que podemos ser parte están los de problemas con cargas. Todos los tipos de vehículos a motor son cargados frecuentemente de forma incorrecta, sin asegurar bien las mercancías, o colocándolas de forma desequilibrada dentro del vehículo. Desde un motorista que lleva entre las piernas una caja, hasta un camión con material sin amarrar y/o cubrir. Los desprendimientos de parte de la carga son muy frecuentes, poniendo en grave riesgo a las personas que viajan justo detrás, que se ven sorprendidas con elementos extraños en la carretera que o no pueden esquivar y chocan, o lo esquivan de forma tan brusca que se produce un accidente.

También las cargas mal colocadas sufren desplazamientos, alterando la estabilidad del vehículo y provocando su vuelco. Hasta elementos tan simples como agua o arena en la calzada generan falta de visibilidad y de adherencia que pueden provocar fácilmente un accidente. Una puerta mal cerrada de un furgón o camión se puede abrir bruscamente, o desprenderse una parte del vehículo si es removible.

Todos los días somos testigos, como si de una película se tratase, de uno o varios incidentes o accidentes. Pasamos de largo, y sólo nos afectan las colas que se forman. Y seguimos adelante. Nos podemos sentir apenados o sorprendidos, pero no somos realmente conscientes de que lo que ha ocurrido es que hemos sido verdaderos supervivientes de un hecho que podía habernos sucedido a nosotros. No porque seamos pésimos conductores, o por incumplir reiteradamente la normativa. La realidad es que aunque seamos los mejores conductores del mundo, cualquier día seremos víctimas o agresores, porque no podemos controlar lo incontrolable. Estoy seguro que nadie quiere participar en un accidente, pero los accidentes siempre existirán mientras nuestros vehículos circulen por las carreteras, porque el tráfico no tiene solución.

b. Seguridad con respecto a la seguridad ciudadana

También el vehículo es utilizado de forma descontrolada, no pensando en conducir correctamente, sino en utilizarlo como elemento de escape o como una verdadera arma. Así se producen atracos, tirones, alunizajes, intentos de atropello y muchos más delitos en los que el vehículo se utiliza para realizarlo o como vía de

Muchas de las mercancías que se transportan por nuestras carreteras no están debidamente sujetas, y muchos accidentes se producen por el desprendimiento ¿accidental? de las mismas. A pesar de los controles, la negligencia en la colocación de las mercancías es diaria, y en caso de accidente por otra causa estos elementos se desprenden fácilmente y provocan nuevos accidentes o agravan el ya existente.

escape. En ambos casos supone un peligro para la carretera, puesto que los demás conductores y viandantes no son conscientes de lo que está sucediendo y no están preparados para apartarse. Todas estas situaciones suelen producir uno o varios accidentes, que como nadie espera las situaciones que suceden, suelen ser graves.

Son muchos los problemas de seguridad ciudadana que genera la existencia del tráfico rodado. Si bien un automóvil es sólo una herramienta, algunos ciudadanos se empeñan en aprovecharlos para cometer delitos. Además su simple existencia es aprovechada para realizar otras actividades delictivas que veremos en este capítulo.

- El vehículo como medio de transporte. Muchos delincuentes lo utilizan para acercarse al lugar donde cometerán el delito, para cometerlo, o para escapar rápidamente después. No podemos imaginarnos un atraco a un banco sin la correspondiente persecución. Imagínense una ciudad sin vehículos privados. Los delincuentes se quedarían sin medio de escape, y la policía llegaría en segundos.
- Para transportar. La mayor parte del tráfico ilegal de sustancias o personas se realiza en vehículos terrestres a motor. Incluso los transportes legales de mercancías son aprovechados para el negocio paralelo. Existe una red paralela y a la vez solapada con el transporte legal, en la que se transportan personas, electrodomésticos, alimentos, drogas, dinero, armas. Eliminando el tráfico privado, reduciríamos la capacidad de las mafias organizadas para realizar sus actos delictivos. Y con un mejor control sobre los vehículos (como veremos más adelante), se reduciría aún más su capacidad de acción.
- Como arma. Un vehículo es una herramienta muy poderosa si queremos hacer daño a las personas. Podemos atropellarlas fácilmente, o intimidarlas. Podemos secuestrarlas rápidamente sin ser vistos. Podemos utilizar el interior del vehículo para cometer todo tipo de delitos, desde drogas, agresiones sexuales, asesinatos. Incluso podemos empotrarlo contra un establecimiento para robar en él, delito conocido como "alunizaje". También podemos utilizarlo para cometer tirones y otros robos, especialmente con motos. Podemos incluso utilizarlo para descargar nuestra furia emocional, conduciendo sin seguridad, convirtiéndonos en verdaderos delincuentes. Ni siquiera eso, hay conductores que son "comeculos" y no respetan la distancia de seguridad de forma automática, y van picando luces para que todos nos apartemos. Vemos numerosos accidentes por alcance. Y también numerosos casos de conductores que atropellan a una multitud. Y es por ello que el nuevo código penal incluye la conducción temeraria como delito con pena de cárcel. Aunque es una buen medida coercitiva, lo único que realidad funciona es que los ciudadanos no tengan la oportunidad de coger un volante.
- Como escondite. Cuántos delitos se cometen en aparcamientos solitarios, en el que el delincuente se oculta detrás de los vehículos. Cuántos delincuentes se ocultan en el interior de vehículos esperando a su presa. El espacio oculto del interior del vehículo, unido al anonimato que poseen, lo convierten en un lugar perfecto para poder estar en cualquier lugar sin que te localicen.
- Como objetivo de delitos. Los vehículos son objetos dejados en la vía pública, susceptible de cualquier tipo de daño. Son objetivo de cualquier persona que desee aplicar un castigo a su propietario, ejecutando un particular sentido de la venganza a través de rallarlos, pintarlos, abollarlos, quemarlos, etc. También son codiciados, y existen mafias especializadas en robos de vehículos, que a la vez se dedican a otras "actividades". A nivel local, se producen numerosos robos para su utilización en otros delitos o para su venta fraudulenta, enteros o como repuestos. Y que decir de los robos de objetos en su interior, práctica habitual de los delincuentes, sobre todo relacionados con las drogas. Cuánto más caro o llamativo sea, más

probabilidades hay de que sea dañado, lo que genera un continuo estrés en el propietario.

- Ocultamiento de delitos. Muchos asesinatos y otros delitos se enmascaran como accidentes de tráfico. Incluso se ocultan los vehículos para simular desapariciones voluntarias, y tratar así de desaparecer o de cobrar seguros.
- Daños a uno mismo. El vehículo a motor es una herramienta utilísima si uno desea morir. Basta con tirarse por un puente, un muelle, o entrar en dirección contraria por la autopista. La pena de esto no es el que se quiere suicidar, sino que muchas veces se lleva otras vidas por delante, tanto si desea matar a personas que vayan con él, como si son ciudadanos que nunca había conocido. Son famosos los suicidios en los garajes, inhalando el monóxido de carbono, o el lanzarse desde una gran altura.
- Los aparcacoches. Son verdaderos delincuentes. No pagan impuestos. Son una economía sumergida que ni cotizan a la Seguridad Social, ni pagan a Hacienda, ni tributan en las haciendas locales como una actividad económica más. Realizan una actividad lucrativa en un espacio que es de todos. Cobran arbitrariamente. Coaccionan y amenazan la integridad física y moral de los ciudadanos. Dañan los vehículos si no se les paga. Roban ellos mismos o a través de otros, dentro de los vehículos o llevándoselos. Ofrecen una imagen pésima para el turismo. Generan inseguridad en las personas más débiles o inseguras. Suelen ser personas relacionadas con otros delitos. En definitiva, no se les debería dejar realizar su "trabajo". Y sin embargo se les permite ¿Por qué? Porque las autoridades no pueden eliminar esta lacra, siempre surgirá, ni tampoco quieren regularla. Pero bien regulada: autorizaciones administrativas, uniformes, etiquetadoras para ticket, obligatoriedad de entregar factura, cotizar a la seguridad social, pagar impuestos, horarios controlados, zonas habilitadas, etc. Pero si se hiciera esto, los ciudadanos protestarían porque se está autorizando cobrar por estacionar en un espacio público. Y mi pregunta es ¿es que no lo están ya haciendo? Su labor puede ser muy útil, pero siempre que esté regulada. Mientras no sea así, son unos delincuentes que cometen sus delitos con total permisividad por parte de las autoridades y de los cuerpos y fuerzas de seguridad del Estado. Los que tienen que resolver este problema de seguridad, parece que no tienen lo que hay que tener para hacerlo, aunque sea lo correcto.
- Los vendedores en semáforos. Parte de la imagen típica de las ciudades, pero son un verdadero problema de seguridad y de tráfico. Nadie debería caminar entre los vehículos en medio de una calle, aunque éstos estén detenidos. La falta de visibilidad es evidente y las probabilidades de accidente se multiplican, sobre todo en ciudades con muchas motos o y/o bicicletas.

Por otro lado representan una actividad económica ilegal, puesto que no es una actividad comercial reglada, no ofreciendo ninguna garantía sobre la calidad de los productos, su precio, o su facturación. Ni pagan impuestos, ni sabemos de donde vienen sus productos. Muchos de ellos

La presencia de vendedores en los semáforos supone un problema de seguridad de primer orden, además de una actividad comercial fraudulenta. Problema de seguridad vial y falta de seguridad de los usuarios de los automóviles y de los peatones.

son delincuentes con antecedentes, que están pendientes para actuar al descuido, robando relojes, carteras, y todo objeto que esté a su alcance. Representan un problema grave de seguridad. Y también dan una pésima imagen para el turismo, que se ve avasallado por individuos que te lavan el parabrisas sin tu pedirlo, te meten los pañuelos dentro del coche, te tratan de robar al descuido. Con la normativa actual es sencillo eliminarlos, puesto que está multado cruzar la calle si no es por un paso de peatones. Las policías locales deberían hacer un esfuerzo para eliminarlos de nuestros semáforos, y los servicios sociales tienen que reorientarles esa habilidad comercial que poseen hacia actividades legales, como ventas en rastros y mercadillos.

Las motos de gran cilindrada también entran en las ciudades, pasando entre los vehículos. Los accidentes son diarios porque los conductores no pueden controlar todos los elementos que les rodean, y pierden ángulos de visión a medida que se desplazan. Los peatones y ellos mismos son las principales víctimas.

Las ventas de vehículos en la calle generan muchos problemas.

- La venta fraudulenta de los propios vehículos. En todas las ciudades existen mafias e intermediarios que se dedican a estacionar vehículos con carteles de "Se Vende". Los colocan siempre en lugares de mucho paso. Son compraventas sin las debidas garantías, y que generan varios problemas importantes. Existen zonas donde este negocio ha proliferado de tal forma que resulta difícil encontrar aparcamiento, puesto que estos vehículos están siempre aparcados. Tampoco existe ninguna garantía sobre el vehículo, puesto que no se está vendiendo en un concesionario autorizado. Existe riesgo evidente de perder el dinero en la operación, puesto que se trata con intermediarios, no directamente con los dueños. Y no hay que olvidar que generalmente pueden pertenecer a organizaciones delictivas, y tratar con ellos comporta riesgos añadidos.

5. Problemas ecológicos derivados de la posesión de un vehículo

Independientemente del daño ambiental irreversible que están provocando los vehículos y las actividades económicas relacionadas directamente o indirectamente con ellos, y que veremos desarrollar en este capítulo, me gustaría comenzar haciendo un llamamiento a la comunidad internacional sobre la necesidad de mejorar como especie en la relación con el medio.

Creo sinceramente que poseemos una gran virtud que es el perfeccionismo. Esa matraquilla constante por tratar de mejorar lo ya inventado, innovarlo, o descubrir y desarrollar nuevos productos y servicios que nos permiten hacer todo mejor, y más rápido. Debemos enfocar esa energía creadora hacia un concepto que para mí es fundamental: la excelencia ambiental.

La excelencia ambiental la defino como la utopía de que todos los sistemas, procesos, productos y servicios que utilice el ser humano estén optimizados ambientalmente hablando, es decir, que su eficacia y eficiencia sean máximos respetando al máximo el medio ambiente, y que de forma continua se valore su eficacia energética y ambiental. Nos queda un enorme trabajo por realizar, sobre todo porque nuestros vehículos y las actividades relacionadas están muy lejos de ser considerados compatibles con nuestro medio ambiente. Quizás con la llegada de la crisis en 2008, el batacazo que pegó la industria automovilística, y la necesidad de plantear nuevas estrategias de diseño, producción y venta de vehículos, tengamos la oportunidad de acercarnos más rápidamente a esta necesidad que la excelencia ambiental.

Nuestros vehículos contaminan y alteran el medio, y también todo lo relacionado con ellos, como las carreteras, la cadena de fabricación, distribución, repuestos, su uso, talleres, chatarras, vertederos, etc.

Estamos tan acostumbrados a nuestros vehículos que no somos conscientes del gran impacto sobre el medio ambiente que significa su posesión. Pensemos que para transportarnos (una persona de media de 70 Kg. y 1,60 m), utilizamos un artefacto que ocupa un espacio que es unas diez veces lo que ocupamos nosotros, pesa más de diez veces lo que pesamos, se desplaza a más de diez veces la velocidad a la que podemos movernos, contamina más de cincuenta veces que nosotros, su mantenimiento es diez veces más caro que el nuestro, y para existir necesita unas infraestructuras que son más de cien veces las que nosotros necesitamos. Está claro que con un elemento así el impacto en el mundo es brutal, y realmente las ciudades están diseñadas para los vehículos y no para las personas. No existe planificación que sea capaz de ordenar eficazmente el tráfico dentro de las urbes.

Desde hace unos años nos resultan familiares términos antes desconocidos, como calentamiento global, protocolo de Kyoto, capa de ozono, efecto invernadero, elevación del nivel de los océanos, deshielo de los casquetes polares, lluvia ácida, etc.

Sabemos que nuestro planeta está enfermo, y que el ser humano es el responsable. La contaminación que hemos generado está deteriorando el medio ambiente que nos rodea.

Al repasar nuestra historia, podríamos pensar que sólo con la revolución industrial comenzamos a contaminar de verdad, puesto que supuso la aparición de grandes industrias, con sus máquinas de vapor y la producción a gran escala.

La realidad es que desde que el ser humano puebla la Tierra ha modificado y transformado el medio ambiente todo lo que su cultura y tecnología le han permitido. Desde que vivían en cuevas hasta hoy, todas las diferentes civilizaciones han utilizado sus conocimientos para tratar de aprovechar al máximo los recursos naturales, sin importar la degradación del medio. Incluso actualmente, las poblaciones que consideramos más naturales, como los indios aborígenes de las selvas africanas o sudamericanas, contaminan y degradan el medio que les rodea, lo que pasa es que lo hacen a una escala pequeña. La imagen del aborigen "bueno", e integrado con la naturaleza no existe, es una falsa afirmación. Por supuesto que hay que proteger a las culturas aborígenes, pero también hay que controlarlas, porque tienen poder de destrucción sobre la naturaleza que les rodea y que explotan para su supervivencia.

Desde actividades de gran extensión (como la agricultura y ganadería), hasta más localizadas (como la minería), el ser humano ha estado en constante pulso con la naturaleza. Y siempre se cumple el mismo esquema: encontramos un recurso, lo explotamos totalmente sin control, hasta que lo agotamos hasta la extinción. Entonces desmotamos los pueblos y ciudades que se habían creado, y las fundamos donde haya otro recurso que explotar. Son muchos los ejemplos que podríamos poner, pero quizás los más conocidos sean dos: las ciudades que se crearon y vivieron de la caza indiscriminada y masiva de ballenas, y de las que surgieron con la fiebre del

El espacio que hay que reservar para el tráfico privado dentro de las ciudades las limita y coarta, como las grandes rotondas. Espacio que podría utilizarse para disfrute de los ciudadanos.

oro; ambas transformaron la estructura social y económica de muchos países. Todavía hoy en países subdesarrollados con encontramos con estos movimiento migratorios masivos para la explotación, en condiciones degradantes para las personas, de algún recurso valioso.

Toda actividad humana supone la degradación del medio ambiente. No existe ninguna labor que realicemos que no suponga la explotación de la naturaleza y la generación de residuos. La explotación de la naturaleza es el único método que conocemos para seguir sobreviviendo.

Cada acto cotidiano que realicemos supone la degradación del medio, desde comernos un yogur o hablar por el teléfono móvil. Incluso actividades más "naturales", como comer productos biológicos o hacer ecoturismo, suponen la continua degradación de nuestro planeta. Y no hay nada de lo que hagamos que no destruya un poco más este frágil planeta.

Cada cultura y civilización se ha caracterizado por la forma que han tenido de explotar el medio natural. Esta capacidad ha venido dada por la tecnología que han sido capaces de desarrollar en cada momento histórico.

A medida que el desarrollo tecnológico ha avanzado, hemos podido aprovechar más y mejor los recursos. Estas materias primas naturales las transformamos y con ellas logramos hitos asombrosos, como curar miles de enfermedades, realizar viajes espaciales, o desarrollar una estructura social compleja.

La tecnología ha supuesto la revolución de las telecomunicaciones y de las comunicaciones, lo que ha permitido el desarrollo global, y que ya no se piense localmente, sino que las decisiones se tomen teniendo en cuenta que el mundo es totalmente accesible. Esto ha dotado de aún más poder a los países con fuerte tendencia expansionista, y no sólo militarmente, sino también económicamente, limitando la capacidad de crecimiento y desarrollo de los países más pobres.

El sector de la automoción forma parte activa de este entramado económico internacional, que continúa acentuando la diferencia entre los países pobres y los ricos. Y nosotros como compradores del producto "automóvil", y después con el consumo de los carburantes y repuestos participamos también activamente en este desequilibrio económico, social, y político. Podemos hablar de verdadera crisis humanitaria en el 80% de la población mundial. Por otro lado, hay que ser conscientes que buena parte de la economía de muchos países se basa en la industria automovilística, o en la creación y exportación de los derivados del petróleo. Millones de puestos de trabajo están ligados a estas actividades, y cualquier cambio sustancial en la orientación de la industria automovilística puede ponerlos en peligro. En realidad la supervivencia de muchas economías locales, regionales y nacionales están ligadas indisolublemente con la automoción. La llegada de la crisis del 2008 no ha hecho sino acentuar todavía más la pobreza, diferenciándonos aún más de los países pobres, puesto que hemos dejado de comprar sus materias primas y de utilizar su mano de obra barata.

Pero este miedo a la pérdida de industrias y puestos de trabajo no puede paralizar las acciones encaminadas a que este sector económico se desarrolle de forma más justa y equilibrada. Tanto económica como socialmente, debe encaminarse hacia un mercado globalizado que ofrezca crecimiento y estabilidad a las poblaciones, sin dañarlas, sino ofreciendo oportunidades reales de bienestar a largo plazo.

La expansión económica actual nos ha llevado a un mercado internacional donde gracias al pensamiento global hemos sido conscientes de la verdadera realidad de la contaminación del planeta Tierra. La degradación no es local, sino total. En este momento no existe un sólo lugar donde no haya llegado la contaminación generada por el hombre.

El desarrollo de los transportes y en general la mayor comunicación permitió el contacto de las diferentes culturas, y el acceso a nuevos recursos, que eran explotados utilizando la tecnología disponible en cada época.

Hasta la revolución industrial la degradación era generalmente local. Y se producía en las zonas más pobres y degradadas. Las zonas más ricas y prósperas se mantenían alejadas de la contaminación.

Con la llegada de la maquinaria pesada movida a través del vapor comenzó un nuevo tipo de contaminación, que no sabía de fronteras. La polución del aire pronto se hizo evidente y comenzaron a producirse cambios a nivel local. Las fábricas fueron retiradas de las zonas habitadas por los más pudientes, mientras que cerca de ellas vivían los obreros y sus familias.

La revolución industrial aceleró la contaminación global. Cada vez hacían falta más recursos, que eran extraídos de forma más eficiente, por personal local que vivía en condiciones pésimas. La contaminación que generaba la extracción afectó al medio ambiente local, y se dispersó por el agua y el aire. Mientras tanto, la tecnología comenzaba a utilizarse en las urbes.

El aprovechamiento de la electricidad supuso una nueva revolución en la industria. Pero faltaba un combustible más eficaz, barato y fácil de utilizar que el carbón. Ese combustible ha sido el petróleo.

Todas las sociedades modernas existen como tales gracias a la utilización del petróleo como fuente de energía. Su extracción, transporte, refino y consumo suponen gran parte de la economía mundial. Su abundancia o escasez hacen vibrar las economías nacionales, y no existe en el mundo ningún otro producto con tal valor estratégico.

Aunque las reservas son limitadas, todavía existen suficientes para sostener la economía mundial varios siglos más. Y existen países que aunque son grandes importadores de petróleo, poseen las mayores reservas del mundo (como los Estados Unidos de América). Y se preguntarán que necesidad tienen de comprar si ellos ya tienen suficiente. La respuesta salta a la vista. Cuando escasee el petróleo, se lo tendremos que comprar a ellos, que serán los únicos que tendrán reservas, así que imagínense el precio.

Desde que se comenzó a utilizar la industria ha sufrido un enorme desarrollo, y los países que han apostado por la inversión en tecnología han logrado importantes avances. En estos países ha habido un aumento de la calidad de vida sin parangón en la historia de la humanidad.

Sin embargo, existen muchos países que no se subieron al carro tecnológico, y aunque posean grandes reservas de petróleo, no son más que meros exportadores, sin disfrutar sus ciudadanos de las ventajas que ofrecen las sociedades modernas. En estos países, que son la despensa de los países ricos, se produce una degradación galopante de los recursos naturales, y mientras la gran mayoría de sus ciudadanos viven en condiciones de absoluta miseria, existe una minoría escandalosamente rica y poderosa.

El petróleo se utiliza como carburante, y por combustión se obtiene la energía necesaria para que funcionen los motores. Esta reacción libera además calor, gases, vapor de agua y algunos otros productos, como sulfuros y restos de compuestos orgánicos. Hay que tener en cuenta que todas las industrias utilizan la energía proveniente del petróleo para producir, ya sea utilizando máquinas que consumen combustibles fósiles, o indirectamente con el consumo de electricidad. Al fin al cabo la mayor parte de la electricidad que se genera en el mundo se produce en centrales térmicas consumiendo derivados del petróleo.

Algunos de las emisiones a la atmósfera son:

Contaminantes gaseosos:

- Óxidos de azufre.
- Monóxido de carbono.
- Dióxido de carbono.
- Óxidos de Nitrógeno.

Contaminantes en suspensión:

- Óxidos de azufre. (se transformarán en sulfatos en la atmósfera)
- Nitratos
- Sustancias orgánicas (partículas orgánicas policíclicas, nitrosaminas, époxidos, lactonas, etc.)

- Plomo (Pb)
- Cadmio (Cd)
- Níquel (N)
- Berilio (Be)
- Mercurio (Hg)
- Arsénico (As)
- Vanadio (V)
- Cromo (Cr)

Todas estas emisiones se concentran en la atmósfera, unas se quedan en el aire y otras se adhieren a las superficies.

El primer efecto grave medioambiental es la presencia permanente en el aire que respiramos de todas estas sustancias, que estamos inhalando continuamente. Dependiendo de la dinámica de vientos presentes en la ciudad, este humo (smog) se mantiene dentro o es arrastrado al exterior. Si no se queda en la ciudad, nos dará la sensación de que el tráfico apenas contamina. Y sólo cuando viajamos a otra más contaminada nos damos realmente cuenta de lo que estamos generando en la nuestra.

Existen ciudades que por su situación geográfica (generalmente en el interior de los valles) los gases contaminantes se quedan en ellas, formando una niebla permanente que termina formando parte del paisaje, volviendo rojizos los amaneceres y atardeceres. Buen ejemplo de esto lo tenemos en México D.F., que posee el dudoso honor de ser la capital más contaminada del planeta.

Las consecuencias son de dos tipos: a corto y a largo plazo. Y resulta a veces difícil establecer la responsabilidad de esta contaminación sobre el ser humano, puesto que éste está influenciado por múltiples factores.

Entre las enfermedades que esta contaminación agrava, destacan las respiratorias y las alergias. Por supuesto la incidencia va a depender de múltiples factores, desde la concentración del contaminante hasta la sensibilidad de cada individuo, y deberemos tener en cuenta factores como la proximidad al foco de emisión, la intensidad de las emisiones, las características del elemento contaminante, las condiciones ambientales y las posibles sinergias, entre otros.

Algunas de las alteraciones sobre la salud humana son:

- Irritación de las vías respiratorias, y todas las enfermedades relacionadas con ellas.
- Irritación de los ojos, y todas las enfermedades relacionadas con esta.
- Alteraciones de la función pulmonar.
- Riesgos de cáncer: pulmón y garganta.
- Agravamiento de asmas y de catarros.
- Perturbaciones en el sistema nervioso central.
- Alteraciones metabólicas, principalmente enzimáticas.
- Molestias e irritabilidad en el comportamiento, principalmente por los malos olores.
- Agravamiento de cualquier patología, debido a la bajada de defensas.

Existe dos tipos de compuestos nocivos: los hidrosolubles, y los liposolubles. Su diferente comportamiento en el interior del ser humano va a determinar su peligrosidad y toxicidad a corto y largo plazo. Para ambos nunca debemos superar la Dosis Diaria Recomendada, puesto que a partir de ahí comenzamos a sufrir las consecuencias de las sustancias nocivas dentro de nuestro cuerpo.

Los compuestos hidrosolubles, tal y como su nombre indica, se disuelven bien en el agua o cualquier medio acuoso, como es la sangre. Su efecto tóxico suele ser más inmediato, y su distribución por el cuerpo, a través del torrente sanguíneo, es muy rápido. Sin embargo, son filtrados en los riñones y se pueden excretar por la orina, lo que favorece su eliminación. Suelen ser responsables de enfermedades graves puntuales. Algunos elementos de la contaminación atmosférica son hidrosolubles, como por ejemplo el azufre y derivados. Todos poseemos un nivel de Dosis Máxima Admisible, y superada esta, se producen problemas graves en el funcionamiento de nuestro cuerpo.

Los compuestos liposolubles son los que se disuelven bien en los elementos grasos. A estos pertenecen buena parte de los contaminantes atmosféricos. Su efecto tóxico puede ser más lento, y también su distribución por el cuerpo, puesto que se desplazan mal en el principal medio acuoso, la sangre, y le cuesta atravesar determinadas membranas celulares. Estos compuestos se acumulan en los tejidos grasos, donde alteran muchas veces el material genético, siendo precursores de numerosas enfermedades y diferentes tipos de cánceres. Los principales tejidos grasos son el adiposo de la piel y el nervioso, incluyendo el cerebro. No se eliminan por la orina, por lo que se quedan acumulados en el interior del cuerpo. A este proceso se le denomina Bioacumulación. Todos tenemos unos límites máximos de concentración de determinados productos, y una vez superados estos limites, nos encontramos con la aparición de enfermedades muy graves.

No debemos olvidar las nefastas consecuencias que la contaminación atmosférica tiene también sobre los animales, tanto de compañía, de granja, y salvajes. También las plantas sufren esta contaminación, y la mayor parte de la vegetación que adorna las ciudades está enferma. Y por supuesto hay que tener en cuenta que nosotros nos alimentos de animales y plantas, que si están contaminados nos traspasarán los elementos nocivos, aumentando la bioacumulación.

La contaminación atmosférica crea unos humos que son altamente degradantes de los materiales de construcción, especialmente de la piedra. Los monumentos históricos sufren gravemente una lenta pero continua degradación debido al tráfico rodado, tanto por la vibración que producen el suelo como por la contaminación atmosférica que genera.

Hasta ahora hemos visto las consecuencias negativas a nivel local, en la propia ciudad donde se emite la contaminación, pero el impacto global es muy importante, puesto que ya no importa donde sea el foco de emisión, las consecuencias nos afectan a todos, a la Tierra en su conjunto. El problema de esta contaminación global es que resulta difícil interiorizar que hemos contaminado tanto el planeta, que estamos modificando el propio funcionamiento del mismo. En la actualidad no existe ningún lugar de la superficie terrestre que no esté contaminado por el ser humano.

Hasta hace poco tiempo se suponía que la contaminación sólo afectaba a la zona próxima al foco de emisión, y que si se tomaban medidas correctoras en esa área no habría problema.

Esta mentalidad fue desapareciendo a medida que los hechos confirmaban lo contrario. Los primeros accidentes nucleares y químicos pusieron de manifiesto que había que desarrollar una estrategia global de lucha contra la contaminación, porque ésta no conoce las fronteras artificiales de los estados, y se dispersa todo lo que puede, afectando a lugares muy alejados al foco de emisión.

Como ejemplo de esto tenemos la lluvia ácida, que es consecuencia directa del funcionamiento de las fábricas que terminan produciendo componentes de automoción, entre otros.

Los gases emitidos por estas fábricas contaminaban los alrededores, por lo que se exigió a mediados del siglo XX que las chimeneas fueran realmente altas, para que rápidamente ascendieran y se disolvieran entre las nubes. Con la dinámica de vientos y nubes, la contaminación no se percibe en el área próxima a las fábricas. Pero obviamente esta contaminación no ha desaparecido, sino que es trasladada a otro lugar. Los sulfuros emitidos reaccionan con las partículas de agua de la atmósfera, creándose ácido sulfúrico, y cuando llueve cae en la superficie quemándolo todo lentamente, arrasando bosques y dañando infraestructuras.

De la contaminación generada en Francia, Reino Unido, Países Bajos, Alemania, y resto de países europeos se afectó gravemente a los bosques de la Selva Negra, que fue desapareciendo paulatinamente. Sólo una respuesta tardía e insuficiente de los países logró frenar la destrucción de uno de las mayores reservas de bosques de Europa.

Otro ejemplo de contaminación global lo tenemos en la destrucción de la capa de ozono.

Esta capa de la alta atmósfera tiene un grosor normal que puede no superar el metro, pero su importancia es vital para el mantenimiento de las condiciones de la Tierra. Es capaz de absorber las emisiones ultravioletas del sol, que son las que más calientan la superficie terrestre. Sin esta capa no existiría la vida sobre la Tierra, pues los rayos solares penetrarían demasiado y dañarían a toda especie viviente.

Hay que concebir a la Tierra como una olla a presión, que recibe el calor desde el sol. Gracias a este calor disfrutamos de unas temperaturas medias que permiten la vida, y tenemos una dinámica atmosférica (nubes, vientos, lluvia, evaporación) que suaviza las temperaturas, y permite la vida en todos los rincones de la Tierra.

Gracias a la capa de ozono no llega demasiado calor, que sería como subir demasiado el fuego a la olla, que terminaría quemándose. En estas condiciones todos los climas se volverían extremos, es decir, los vientos serían demasiado fuertes, las sequías demasiado extremas, las inundaciones serían brutales. Donde hace calor haría demasiado calor, y donde hace frío, se llegarían a temperaturas demasiado bajas. Los veranos demasiado calientes y húmedos, los inviernos demasiado fríos y secos. Todos los seres vivos se verían afectados, tanto terrestres como marinos, tanto plantas como animales. Y por supuesto el ser humano también lo sufriría, porque desaparecerían esas áreas de clima más o menos estable donde puede vivir porque sabe que las condiciones no cambiarán a largo plazo.

Este panorama catastrófico no es ciencia ficción, ni es hipotético. Está sucediendo en este preciso instante, y lleva así al menos desde los años ochenta del siglo veinte. Sólo hace falta ver las noticias para contemplar atónitos como los desastres naturales matan a miles de personas y destruyen ciudades enteras. Por supuesto que siempre han existido los desastres naturales, pero nunca tantos y de tal magnitud como los que estamos sufriendo ahora.

¿Por qué estamos recibiendo en la superficie terrestre más calor del sol? Por la destrucción de la capa de ozono. La eliminación de esta capa se debe a la emisión a la atmósfera de compuestos clorofluorcarbonados (los conocidos CFC´s). Estos compuestos poseen átomos de cloro muy activos, de forma que cada átomo de cloro activo destruye varios millones de moléculas de ozono.

Otro elemento que afecta a la temperatura terrestre es el calor generado por las actividades humanas. Se trata de un calor artificial que la atmósfera debe absorber, y que acelera su actividad.

Ahora la olla está recibiendo más calor, lo que implica mayor movimiento de las masas de aire y de agua. La atmósfera está desregulada, y está aumentando su movimiento. Con las corrientes marinas está sucediendo lo mismo, y se notan variaciones que antes no existían, y que afectan a los climas locales, como la corriente del Niño en América del Sur, cuyos cambios han afectado también gravemente a la industria pesquera de la zona.

Pero la Tierra posee unos mecanismos reguladores que permiten unas constantes climáticas, lo que ha asegurado la vida... hasta ahora. La temperatura se autorregula por medio de episodios cíclicos. Desde hace miles de años se han producido varias glaciaciones, en las cuáles la bajada de temperaturas es tan brutal que los hielos permanentes han cubierto desde los polos hasta latitudes mediterráneas. Y entre una glaciación y la siguiente existe una época cálida con unos siglos de temperaturas máximas. Nunca las temperaturas máximas o mínimas han alcanzado valores tales que pusieran en peligro la vida en la Tierra, aunque si han supuesto la extinción o emigración de muchas especies.

La última glaciación fue hace unos 10000 años, y en estos momentos nos encontramos en la zona de más altas temperaturas posibles. De forma natural, sería esperable que en pocos siglos comience a descender la temperatura de nuevo, para llevarnos en algunos miles de años a la siguiente glaciación.

Pero este ciclo natural ya no es seguro que se vaya a producir, porque la actividad humana ha sido tan impactante que hemos alterado el clima de la Tierra. Si lo normal es que la temperatura ascienda a nivel global un grado cada varios miles de años, actualmente ha ascendido dos grados en un siglo, y parece que la tendencia va a continuar. Estamos forzando el ciclo natural de la Tierra, y se está calentando más de lo esperado.

Si esta tendencia continúa ¿Qué ocurrirá con el clima mundial en los próximos años? En estos momentos existen varias hipótesis. Puede ocurrir que la Tierra pueda compensar rápidamente este desajuste, y se recupere el ciclo natural, que nos llevará a una glaciación dentro de algunos miles de años. Puede ocurrir que alteremos el ciclo natural definitivamente, y que al forzar el aumento de la temperatura, no se produzca la próxima glaciación, llevándonos a un futuro incierto de altas temperaturas y desajustes climáticos. Pero la hipótesis más probable es que el ciclo natural forzado logre vencer a la actividad humana, pero al estar desajustado, trate de compensar ese desequilibrio con una glaciación mucho más intensa y duradera de lo normal, lo que llevaría a disfrutar de un paisaje helado permanente a la mayor parte del planeta, lo que alteraría gravemente las condiciones de vida de plantas, animales y del ser humano.

Actualmente el calentamiento global es evidente. Aunque muchos científicos dieron la voz de alarma desde los años ochenta del siglo veinte, no fue hasta principios del siglo veintiuno que los estados empezaron a tomar en serio este problema, y sólo tras sufrir desastres naturales en territorio propio o en vecinos.

Las consecuencias del calentamiento global y de la contaminación generalizada son entre otras:

- Los climas locales se vuelven más extremos, Donde existían las cuatro estaciones bien definidas, las temperaturas máximas y mínimas serán cada vez más extremas. Así mismo, todas las características climáticas tendrán más intensidad, cómo nieblas, lluvias, viento, olas de calor, sequías, etc.
- el deshielo de los casquetes polares. Aparte del desastre ecológico que supone esto, porque se pone en peligro dos de los ecosistemas más ricos e importantes del mundo, supone la pérdida de las reservas de hielo de la Tierra.
- el deshielo de los glaciares de las montañas. Son paisajes frágiles, de gran importancia ecológica, y suponen la reserva de agua dulce en forma de hielo más importante.
- Mayor evaporación de lagos y embalses. Nuestras reservas de agua dulce corren peligro, y al mismo tiempo nuestro consumo aumenta debido al calor.
- El aumento del nivel del mar. Las mayores concentraciones humanas se encuentran en la costa, e incluso por debajo del nivel del mar. Todas estas poblaciones están corriendo gran riesgo de inundación. El deshielo de los casquetes polares, de los glaciares y de las nieves perpetuas (como las del Kilimanjaro) supone el aporte de millones de litros de agua por segundo al mar. El nivel del mar ha subido en menos de 50 años lo equivalente a 300 años.
- Fenómenos meteorológicos más brutales, como tormentas, tornados, huracanes, inundaciones, sequías. Si en un lugar son habituales alguno de estos fenómenos, verán como son muchísimo más fuertes y devastadores. Estos fenómenos siempre han estado presentes, pero los desconocíamos porque los medios de comunicación no nos ofrecían noticias globales, sino sólo locales. La diferencia es que ahora son más intensos que en el pasado, y los conocemos porque también afectan a ciudades del primer mundo, como los huracanes Katrina, que asoló Nueva Orleáns (EEUU), o el Wilma, que afecto a México y Florida, ambos en el 2005. Desde esa fecha, se siguen produciendo huracanes y tormentas todos los años en la zona del caribe de gran magnitud.
- Incendios más numerosos y destructivos, que pueden acabar con la mayor parte de los bosques. Los vemos en las noticias todos los veranos. Asolan tanto espacios protegidos como ciudades y pueblos, en todo el mundo, desde Australia hasta Rusia, desde Argentina hasta Noruega.

- Mayor radiación solar directa, sobre todo de rayos ultravioleta, debido a la falta de la capa de ozono, lo que originará problemas de piel y visión en animales, y otros problemas en plantas.
- La Tierra tiene una zonificación biológica. En cada zona existe un ecosistema, que se caracteriza por un paisaje determinado, con especies animales y vegetales endémicas. Estos ecosistemas se sitúan según el clima que exista en una determinada área. El bosque tropical está situado en un ambiente continuamente húmedo y sin variaciones de temperatura entre verano e invierno. El ecosistema polar se sitúa en zonas muy frías, y con una gran variación entre verano e invierno. Todas las especies animales y vegetales dependen para sobrevivir del mantenimiento de ese clima. Si las condiciones climáticas varían, se ven obligados a migrar, si pueden, o perecen. Actualmente las zonificaciones climáticas están variando, lo que está afectando gravemente a los ecosistemas.
- Muchas de las actividades humanas dependen del clima, como la agricultura, la ganadería, la pesca, el turismo. La distribución actual de la población mundial está configurada según estas actividades. Cualquier variación del clima alterará las economías nacionales y locales, desestabilizando económica y socialmente regiones enteras. El futuro del desarrollo de la humanidad está basado en la estabilidad climática. Si esta condición no se da, no existe futuro próspero.
- Emigración climática. Se producen millones de desplazados en cada catástrofe, y a medida que el cambio climático sea más intenso, se producirán gigantescas migraciones de personas que lo han perdido todo o que sus regiones ya no son lo productivas que eran antes, y que tendrán que ser absorbidos por los países con climas más estables. Esto creará enormes desequilibrios poblacionales que afectarán tanto a países pobres como a los más desarrollados. El cambio climático sólo trae más pobreza de la que ya existe actualmente. Y como hasta ahora no se ha invertido lo suficiente en el desarrollo de los países más pobres, sus poblaciones no tendrán ninguna razón para quedarse en sus territorios. Y en los países ricos en los que no se haya invertido en infraestructuras y desarrollo frente al cambio climático, se verán situaciones de la misma gravedad (basta sólo recordar Nueva Orleáns y la falta de presupuestos para el arreglo de los diques de contención del agua, que se desplomaron ante la llegada del huracán y el agua arrasó la ciudad)
- El mar, sus ecosistemas y corrientes dependen del clima mundial. Es más, gracias a él el clima de las zonas costeras es más suave que en el interior de los continentes, lo que ha llevado a que se conviertan en las zonas más pobladas. Si se producen alteraciones climáticas, el régimen de corrientes varía, lo que influye en estos climas costeros, que se volverían tan duros como los del interior de los continentes, y traería continuas catástrofes. Por supuesto todas las actividades que dependen del mar se ven alteradas, como el transporte marítimo, la pesca, el turismo, etc. Cada vez la presión de los sectores pesqueros nacionales será mayor para recibir subvenciones que frenen la catástrofe económica que se avecina, lo que llevará a mayores conflictos sociales. Pero a la larga, supondrá la desaparición de la actividad pesquera tal y como hoy la conocemos, puesto que la sobreexplotación pesquera unido al cambio climático serán devastadores para los recursos pesqueros.
- Las principales zonas verdes de la Tierra desaparecerían. Entre las más importantes están el Amazonas, o las selvas africanas. Durante milenios han sufrido la explotación del ser humano, al principio muy localmente, principalmente por las poblaciones autóctonas. Pero actualmente sufren una explotación masiva, con una maquinaria sofisticada, y que nos ha costado perder en los últimos 25 años aproximadamente el 30% de su extensión. Antes parecía una fuente inagotable de madera, pero con la vigilancia por satélite se ha constatado como estamos acabando con este recurso

insustituible. Y si a la acción directa le sumamos las consecuencias derivadas del cambio climático, el panorama es desolador. Los incendios se multiplican y no se apagan en años. Las riadas y lluvias torrenciales acaban con el poco suelo fértil. Los animales y plantas ven modificados sus hábitats. Se están perdiendo miles de especies por año, y muchas nunca fueron descubiertas por la ciencia, con lo que estamos perdiendo lo más valioso que poseemos, nuestro patrimonio genético.

- Las variaciones bruscas del clima propician los accidentes y la destrucción de infraestructuras construidas por el ser humano, que agravan aun más la contaminación. Las plataformas petrolíferas son objetivo de las grandes tormentas. Los accidentes de grandes barcos, especialmente petroleros. La rotura de gaseoductos, produciéndose escapes de difícil control. La destrucción de refinerías. La destrucción de polígonos industriales, generando focos de contaminación muy graves.
- El cambio climático favorece que los ciudadanos de países ricos consuman más energía, ya sea para calentarse o para enfriarse, lo que lleva a un mayor deterioro ambiental. También utilizan más los transportes privados con mal tiempo, lo que favorece la contaminación. Esto sólo puede empeorar la situación climática global, lo que hace que consumamos más recursos. Este ciclo está acelerando de forma peligrosísima el cambio climático.
- Nuestra gran capacidad de consumo material propicia la aparición de grandes vertederos, zonas totalmente degradadas y colmatadas de residuos de todo tipo. En los países pobres estos grandes vertederos sirven como refugio de miles de personas que viven de la basura, desarrollándose una sociedad que sobrevive en la más absoluta miseria y con continuas enfermedades. El calentamiento global hace que las condiciones de supervivencia en estas zonas sea todavía más difícil si cabe. Además, se favorece la disgregación de los desperdicios y los grandes incendios que son incontrolables, contaminando la atmósfera de todo tipo de sustancias, entre las que destacamos las dioxinas, con su alto poder cancerígeno y su alta capacidad de bioacumulación en animales y plantas.
- Hay que tener en cuenta que sobre los movimientos de las placas tectónicas influye la presión atmosférica. Y aunque no resulta fácil demostrarlo, y esto es una hipótesis que personalmente propongo, sugiero que los cambios bruscos de presión atmosférica en grandes zonas de alta actividad tectónica pueden estar favoreciendo una mayor actividad, lo que se traduce en más terremotos y de mayor intensidad, con grandes daños para las infraestructuras y la consiguiente pérdida de vidas humanas, animales y plantas. Lo que resulta incuestionable es que cada vez estamos sufriendo más terremotos, y que sus consecuencias son brutales.

Podríamos seguir enumerando problemas ambientales directamente ligados a la contaminación global, pero con los ya expuestos queda suficientemente claro que el camino por el que vamos sólo nos llevará a la degradación ambiental total del planeta Tierra, y a la pérdida de la mayor parte de las ventajas que han hecho que sea habitable. Es mi deseo que no seamos capaces de colonizar otros mundos si no logramos cambiar nuestra capacidad de destrucción de la naturaleza. Prefiero que la especie humana sucumba en un planeta destruido por ella misma a que se convierta en un cáncer que vaya destruyendo nuevos planetas.

Por último debemos considerar a cada vehículo como una pequeña industria. Para producir movimiento introducimos algunos compuestos (combustibles, repuestos, aceite, refrigerante), y como desechos generamos los compuestos que hemos visto anteriormente. La contaminación del aire es evidente, y sus consecuencias las padecemos a diario. Al tener un vehículo estamos siendo consumidores de una serie de productos que son altamente contaminantes desde el momento que se producen.

Lo que ocurre es que tenemos una gran capacidad de adaptación, y nos acostumbramos rápidamente a las nuevas circunstancias. Y aunque en nuestras conversaciones o pensamientos diarios nos quejemos de la contaminación del tráfico, en realidad no deseamos quejarnos de verdad porque lo consideramos un mal necesario. Ese es el precio que hay que pagar por tener un vehículo. Pero las consecuencias ambientales ahora son a nivel global. Nuestro mundo está cambiando, y todos nosotros somos responsables de ello. La industria automovilística y la consiguiente posesión del vehículo suponen tantas alteraciones sobre el medio que tenemos que dar un giro radical a nuestra forma de vida occidental, abandonando la idea de la posesión del vehículo privado como forma diaria de desplazamiento, porque si no lo hacemos así terminaremos transformando y destruyendo buena parte de nuestro planeta, y empeorando nuestra calidad de vida para siempre.

6. Alteraciones psicológicas y personales derivadas de la posesión de un vehículo

En la sociedad del automóvil en la que vivimos, no podemos pensar en que una persona pueda vivir sin él. Incluso todos los que se quejan de su utilización sin control (incluyéndome), lo utilizan diariamente como herramienta básica de su calidad de vida. Y así seguirá siendo por mucho tiempo.

Ante todo debemos tener claro el concepto de que un vehículo es solamente una herramienta. No tiene entidad ni personalidad propia. Su comportamiento va a ser el que su conductor le dicte, y no es responsable de sus actos. No es bueno ni malo por naturaleza. Todo depende el uso que se le de. Por lo tanto de ningún modo se le puede hacer responsable de nuestros problemas personales o sociales. Esta problemática no se puede trasladar nunca a las herramientas, pues la responsable es la sociedad y cada uno de sus individuos. Culpar al vehículo sería igual que asegurar que el responsable de un apuñalamiento fue el cuchillo y no la persona que lo sostuvo.

A diario millones de personas conducen, cada una con su personalidad, problemas personales y profesionales, y actitud diaria frente a la vida y sus circunstancias. Y todo eso se ve reflejado en nuestro comportamiento al volante, que por supuesto no es igual todos los días.

En principio no habría problema en que consciente o inconscientemente reflejáramos en la carretera nuestro estado emocional, siempre y cuando se respetara la seguridad. Pero desde el momento que nos subimos a un vehículo la ponemos en entredicho, y ni un solo día la respetamos al 100%. Seamos conscientes o no de ello, nuestra supervivencia en la carretera y la seguridad de los demás se ponen en riesgo diariamente. Y esta realidad es incontrolable.

La única forma de evitar que todos los días haya accidentes con muertos y heridos es evitando que los ciudadanos conduzcan. Pero al mismo tiempo hay que asegurarles un método efectivo de transporte.

Aparte de nuestra ya innata complejidad psicológica, el desplazarnos en automóvil va a influenciar en nuestro comportamiento y personalidad. Estas alteraciones podrán ser sólo momentáneas (alteraciones agudas), o convertirse en permanentes (alteraciones crónicas). Nuestra forma de ser queda deformada por la realidad de conducir diariamente, puesto que todo lo sucedido en la carretera alterará e influenciará el resto de nuestra vida, generalmente con comportamientos menos sociales.

Por otro lado, son tan fuertes las sensaciones y experiencias de la conducción que no podemos trasladarlas a la vida cotidiana, por lo que generamos inconscientemente otra personalidad. Y así existen dos yo, el yo-conductor y el yo-no-conductor. Generalmente, debido a las características de la conducción, el yo-conductor suele ser más impulsivo y menos contenido por la normativa social, por lo que suele ser más agresivo y trasgresor, y al mismo tiempo menos permisivo con los demás y más agradecido. El aparente anonimato del conductor favorece y mantiene esta doble personalidad.

Lo que debe quedar claro es que nuestra personalidad y relaciones sociales no serían las mismas si no existieran los automóviles privados. Las interacciones interpersonales se ven influenciadas diariamente por la existencia y utilización de los vehículos privados. Imaginemos por un momento que sólo existieran vehículos de transporte colectivo ¿Nos relacionaríamos igual con los demás? ¿La sociedad en la que vivimos sería la misma? La respuesta es no, y mi apuesta es un modelo de sociedad donde el transporte colectivo sea el principal método de desplazarnos.

A continuación enumeraré varias de las alteraciones que se producen en nuestra personalidad y comportamiento. Algunas son debidas exclusivamente a la existencia de la problemática del tráfico, pero la mayoría es sólo el reflejo de las pasiones y bajezas humanas trasladadas a la realidad del transporte privado.

Todas estas alteraciones se deben a 5 patologías básicas, que sufrimos todos los conductores, y que actúan de forma aislada o conjunta. Es precisamente la conjunción de todas ellas lo crea las complejas alteraciones que sufrimos diariamente.

Estas cinco patologías son el estrés, la fatiga, la ansiedad, el aislamiento, y el deterioro. Con la finalidad de dejar claro estos 5 conceptos antes de continuar, detallo la definición de los mismos tal y como aparece en el Diccionario de la Real Academia de la Lengua Española, y reflejan perfectamente el sentido que deseo dar a las mismas, en relación al tráfico privado:

- Estrés: Tensión provocada por situaciones agobiantes que originan reacciones psicosomáticas o trastornos psicológicos a veces graves.
- Fatiga: Agitación duradera, cansancio, trabajo intenso y prolongado.
- Ansiedad: Estado de agitación, inquietud o zozobra del ánimo. Angustia.
- Aislamiento: Incomunicación, desamparo.
- Deterioro: Estropear, menoscabar, poner en inferior condición algo. Empeorar, degenerar.

No están todas las alteraciones que podríamos encontrar porque sólo pretendo en este capítulo reflejar la psicología de la conducción de forma general, para que nos sirva de apoyo a la justificación de la necesidad de eliminar el tráfico privado de nuestras ciudades. Miles de libros podrían escribirse si se profundizara en toda la problemática.

Estas principales alteraciones las he detallado en su faceta de estrés, que el punto de vista que me parece más enriquecedor. Son las siguientes:

Estrés de insatisfacción

El automóvil refleja el éxito de sus dueños. No cabe duda que consideramos más rico una persona que conduzca un vehículo de lujo, que otro que posea uno de segunda mano y bastante viejo. Y no sólo importa la marca, sino también el modelo. Estará en una posición social más alta aquellos que posean el último modelo.

Esto lleva a que no nos compremos nuestro vehículo por sus características para ayudar a desplazarnos, sino que lo escojamos según la imagen que nos aportará frente a los demás. Y obviamente queremos ofrecer la mejor imagen posible, aunque no nos la podamos permitir económicamente. Y por eso adquirimos un vehículo mucho más caro de lo que realmente necesitamos para desplazarnos, y gracias a los préstamos pagamos en angustiosos plazos ese vehículo maravilloso. Pero claro, no contamos que realmente lo que hemos adquirido es un servicio, que va a consumir todo nuestro dinero en combustible, seguro, repuestos, etc. Esto va a suponer que nuestra economía se vea resentida enormemente por la adquisición de un bien que es muy efímero, y que nos va a impedir invertir ese dinero en otras necesidades más importantes. Nos quedamos atascados en una situación económica que no nos permite mejorar.

Y pronto ese vehículo de lujo se irá degradando. Sólo por comprarlo pierde aproximadamente el 20% de su valor. Tendremos que llevarlo al taller, y a pasar las inspecciones técnicas.

Y siguen saliendo nuevos modelos, que nos los muestran con una publicidad extraordinariamente bien realizada, y que nos vende no un vehículo, sino sentimientos y valores, como libertad, agresividad, egoísmo, estatus social, familiaridad, comodidad, etc. Así que pronto sentimos inconformidad con lo que tenemos, y que tanto nos costó conseguir. A esta situación la denomino estrés de insatisfacción. Nos sentimos frustrados, defraudados, y sólo existe una forma de superar esta crisis, y es adquiriendo un nuevo vehículo que satisfaga nuestras nuevas aspiraciones. Así que nos deshacemos del anterior y gastando mucho más dinero adquirimos el último modelo, aquel que nos hará sentir que la vida "es redonda".

Estrés económico

De esta forma nos metemos en una espiral de consumo que está perfectamente diseñada por los fabricantes y entidades financieras, de forma que cada 3 o 4 años pensamos en cambiar de automóvil. Es la forma de que las ventas se mantengan siempre en crecimiento. Y si bien tiene el aspecto positivo de que facilita el rejuvenecimiento del parque automovilístico, supone la aceleración del ciclo de contaminación ambiental, y acentúa la sensación de que todo lo que no sea novedad no es útil, acelerando innecesariamente el consumo y el endeudamiento de las familias. Tener vehículo nos genera un estrés económico muy importante. Después del desembolso para tener casa, con la famosa hipoteca, el segundo gasto familiar es la posesión de uno o varios vehículos. Y es que este gasto, que además será permanente durante toda la vida, supone un freno importante en la mejora de la calidad de vida de las familias.

Somos conscientes que tampoco los vehículos duran lo mismo que antes. Ahora parecen que se estropean y degradan más y antes, y a partir de los 5 años comienzan a generar demasiados gastos, lo que ayuda a plantearnos cambiarlo por otro nuevo.

En realidad los vehículos son mucho más fiables que antes, con unos componentes más avanzados y seguros. Pero también son tecnológicamente mucho más complejos, con altísimas prestaciones.

Hace veinte años cualquier problema que tuviéramos con el vehículo lo podíamos resolver nosotros mismos, o cualquier mecánico de confianza. Pero ahora son tantos los componentes electrónicos, que sólo los talleres de los concesionarios oficiales tienen los ordenadores con los que detectar cual es el problema real del vehículo. De hecho, en la actualidad los vehículos pasan más por el taller que antes, porque se les estropean más componentes, algunos con un coste realmente alto. Y mientras el vehículo esté en garantía tenemos la molestia de quedarnos varios días sin esta herramienta imprescindible, pero al menos no pagamos la reparación. Durante ese tiempo tenemos que pagar por un vehículo de sustitución, o pedir favores a familiares o conocidos. Pero cuando la garantía finaliza comenzamos a pagar por todas esas reparaciones, y terminamos teniendo la sensación que son fallos del vehículo.

Estrés de posesión

Tanto gasto extra nos hace plantearnos la adquisición de un vehículo nuevo antes de que se nos acabe la garantía del actual. Y si nos fijamos en las garantías actuales, casi todas cubren hasta los 3 o 5 años, asegurando así que el usuario disfrute del vehículo lo suficiente como para resultarle familiar, fidelizándolo así a la marca. Por nuestra resistencia natural al cambio, tenderemos a adquirir un vehículo nuevo de la misma marca, a no ser que nos haya salido muy malo y hayamos quedado defraudados. Y aunque así haya sido, como las reparaciones han sido gratuitas podremos seguir fidelizados.

Esta carrera por poseer y mantener un vehículo nos mantiene en una permanente situación de estrés, llenos de preocupaciones, que se acumulan a las ya existentes por otros motivos. Lo denomino estrés de posesión.

Estrés de pérdida

Toda esta experiencia vital con nuestro vehículo nos hace interiorizar la importancia de tener vehículo propio, hasta tal punto que sufrimos diariamente ante la posibilidad de que lo pudiéramos perder. Y como sabemos que es un objeto que está en la calle, somos conscientes de su fragilidad: roces con otros vehículos, arañazos por personas, roces al aparcar. También puede sufrir abolladuras, roturas de cristales, incendio, robo, y por supuesto todas las posibles consecuencias de un accidente.

Tener un seguro no es sólo una obligación, es una necesidad. Los vehículos sufren todo tipo de incidentes durante su vida útil. Pensamos que son bienes de gran importancia, y los colocamos justo por debajo en importancia de poseer una vivienda. Pero un vehículo tiene muy poco valor como bien. Se degrada muy rápidamente, y está permanentemente en peligro de ser estropeado de forma temporal o destrozado definitivamente.

Este miedo diario a la incertidumbre de lo que le va a suceder a nuestro vehículo lo denomino estrés de pérdida. Por él comprobamos varias veces si lo hemos cerrado bien, salimos a la calle a comprobar si está bien, adquirimos alarmas sofisticadas, miramos mal al que aparca junto a nosotros.

Estrés de seguridad

Somos conscientes que en cualquier momento nos podemos convertir en víctimas, tanto nuestro vehículo como nosotros. Y no sólo de accidentes, sino de delitos, como hurtos, robos con violencia. Y también pueden utilizar otros vehículos o el nuestro para cometer otros delitos, como alunizajes de escaparates, atracos, tirones, atropellos, etc. Y que decir del miedo a la grúa cada vez que aparcamos mal, y a los gorrillas que "nos cuidan" el vehículo.

La quema de vehículos es algo habitual en todos los países. Ya sea por venganza, gamberrada, diversión, o como parte de acciones de protesta y manifestaciones, los vehículos particulares son objeto de todo tipo de destrozos, tanto con ocupantes como sin ellos. En los últimos años Francia ha tenido y tiene un gran problema con este tema.

Esto hace que tengamos que estar en permanente alerta cuando estamos conduciendo o como peatones, porque no sabemos cuando va a suceder lo imprevisible, ese hecho que puede cambiar nuestra vida para siempre. Y no sólo con nuestro vehículo, que al fin y al cabo es un bien material reemplazable, sino también con nuestras vidas o de las personas que queremos. Tenemos que controlar a nuestros hijos para que no sufran un accidente, nos preocupamos por nuestra pareja si está en la carretera y no ha vuelto, o por nuestro familiar que está caminando por la ciudad. Se trata del estrés de seguridad, del que no podemos librarnos, porque sabemos que diariamente ocurren múltiples accidentes y delitos.

Estrés de aislamiento

Todos estos miedos a lo desconocido, a la incertidumbre, nos hace protegernos del mundo exterior, con la esperanza de que no nos afecte. Y así buscamos vehículos grandes, altos, que impongan su presencia ante los demás. Y bien insonorizados, para aislarnos del exterior. Con su climatizador o aire acondicionado, para no tener que abrir las ventanas ni depender de las condiciones climáticas. Y con los cristales tintados, para que los demás no sepan quién va realmente dentro.

Adquirimos la necesidad de mantenernos alejados de los demás. No sabemos quién está conduciendo a nuestro alrededor, y enseguida reconocemos a buenos conductores y a verdaderos delincuentes al volante. El vehículo se convierte en una burbuja que nos protege del exterior, pero que también nos aísla. Sólo nos permite comunicarnos con el juego de luces y con el claxon, y a veces sacamos la mano para pedir paso o dar las gracias.

Generalmente conducimos sin nadie más en el vehículo, por lo que mantenemos continuas conversaciones con nosotros mismos, ya sean sonoras o sólo pensamientos. Únicamente la radio nos acompaña con su música o sus noticias. Y en este estado solemos pasar varias horas al día.

Esta situación nos crea el estrés de aislamiento. No somos realmente conscientes del tiempo que pasamos solos, pero suele ser lo suficiente para que lo consideremos algo normal, de forma que incluso llega a molestarnos la compañía. Y a veces, aunque pudiéramos compartir el vehículo con compañeros de trabajo para ahorrar costes, preferimos ir solos porque nos sentiríamos incómodos con compañía. Hemos creado una burbuja alrededor nuestro dentro de la cual nos sentimos seguros, pero que en realidad puede terminar afectando a nuestra capacidad para relacionarnos con los demás. Además, cuando vamos acompañados en el vehículo no podemos reaccionar ni conducir como lo haríamos si fuéramos solos, nos sentimos cohibidos y observados por la compañía. Por lo tanto terminamos prefiriendo ir solos.

La posesión y utilización del vehículo nos aísla socialmente. Y crea una serie de relaciones que se basan en cortas comunicaciones a cierta distancia. A veces esas comunicaciones son reproches, otras agradecimientos. A veces existe sintonía entre muchos conductores, y todos se ponen a tocar el claxon al mismo tiempo.

Este aislamiento también nos produce desamparo, nos sentimos solos entre tanto desconocido. La falta de relación cercana con otras personas nos hace suponer que todos son desconocidos, y que todos pueden ser no amistosos. En la sociedad actual en la que vivimos, el principal problema es la soledad e incomunicación que sufren los ciudadanos, que se acelera al mismo tiempo que aparecen nuevas formas de comunicación tecnológicas, que nos permiten comunicarnos sin contacto real y directo (teléfono fijo, Chat, e-mail, móvil, mensajes sms, etc.). Y las personas más mayores son las que sufren más la soledad, puesto que en este mundo de velocidad y nuevas tecnologías muchas veces se olvidan de ellos.

El aislamiento también se produce cuando caemos en un atasco. En ese momento nuestra vida se detiene. Todo lo que teníamos pensado hacer se convierte en imposible y somos conscientes que vamos a estar aislados de nuestro mundo durante un buen rato. Lo primero que hacemos es utilizar el móvil para avisar de nuestra situación, pues es el único sistema que nos permite estar comunicados. El aislamiento nos impide seguir con nuestra rutina, y sólo podemos resignarnos y esperar, porque no hay forma de salir de ahí. La radio y algo que leer pueden ayudarnos a evadirnos de la situación en la que nos encontramos, pero no nos ayudarán a resolver el problema. Y si esto sólo nos ocurriera de vez en cuando no tendría importancia. Pero con las carreteras cada día más saturadas las colas son diarias. Estamos perfectamente resignados a pasar en nuestro vehículo más de una hora en un recorrido que sin tráfico se haría en diez minutos. Así que tenemos que adaptar nuestra forma a vida a convivir con estas estancias prolongadas en la carretera, y hasta llegan a parecernos normales puesto que las incorporamos a nuestra rutina. Pero nos aíslan de nuestra familia y de la sociedad en su conjunto, minando nuestras relaciones personales y profesionales, quitándonos demasiado tiempo útil y afectando gravemente a nuestra calidad de vida.

Estrés de anonimato

El aislamiento, y el realmente no conocer quienes son las personas con las que estamos compartiendo la carretera, nos ofrece un cierto margen de seguridad, porque nos sentimos protegidos dentro de nuestra "burbuja" sin que nadie conocido nos moleste. Y en parte nos sentimos más libres de lo habitual. Sobre todo al salir del trabajo, el montarnos en nuestro vehículo, aunque todavía queden horas para llegar a casa, nos ofrece un espacio propio íntimo y familiar. No importa ya tanto tardar para llegar a casa, porque en parte ya nos sentimos en ella.

Conscientemente realizamos acciones dentro del vehículo que nunca realizaríamos en público, como por ejemplo sacarnos los mocos. Y realmente no nos importa que algún otro conductor nos vea, puesto que es alguien desconocido que desaparecerá en un instante y nunca más sabremos más de él.

Pero por otro lado nos sentimos aislados, y por nuestro subconsciente pasa la idea de que ocurriría si se nos estropea el vehículo o tenemos un accidente conduciendo solos. ¿Nos ayudaría alguien?

El anonimato nos hace sentir incómodos porque no somos nadie, no destacamos, no nos damos a conocer. Esta sensación la tratamos de combatir de dos formas: con nuestra forma de conducir y con nuestro vehículo.

Por supuesto que nos sentimos los mejores conductores del mundo, y nuestra forma de conducir nos parece la más adecuada. En cada situación valoramos los comportamientos de los demás al volante como erróneos, mientras que los nuestros fueron correctos. Los demás nos estorban ocupando "nuestro" espacio, no dejándonos conducir lo cómodo y seguro que podríamos hacerlo. Es decir, si hay una cola es culpa de los demás. Si se paran a mirar un accidente, son los demás los que lo hacen. Protestamos cuando alguien se detiene a doble fila, sin ser conscientes de las veces que lo hacemos nosotros. Si hay un estacionamiento libre tiene que ser para nosotros, porque tenemos más derecho que los demás a aparcar. Esta forma de pensamiento, mitad soberbia mitad estupidez, se ve acrecentada con el anonimato, lo que nos lleva a bajar el cristal y gritar algún insulto, o a tocar el claxon sin medida.

El anonimato nos permite adquirir una personalidad que sólo utilizamos cuando estamos al volante y solos en nuestro vehículo. Es un comportamiento agresivo, con el que tratamos de quitarnos de encima al resto de los vehículos de la carretera, porque todos tienen menos derecho que uno a estar en ella. Y así "comemos el culo", picamos luces, tocamos el claxon, insultamos con la palabra y con los gestos, utilizamos una forma de conducción temeraria, y siempre amparados en el anonimato. Porque desde que somos conscientes que podemos ser reconocidos mejoramos nuestra conducción. Todos los conductores agresivos controlan su comportamiento cuando ven a un vehículo policial, lo que demuestra que sabemos perfectamente que lo que estamos haciendo a diario no es correcto.

¿Como me comportaría en la carretera si supiera quiénes son los demás y los demás supieran quién soy yo? Es como llevar un policía al lado nuestro. Sin duda seríamos más respetuosos y conduciríamos más seguros.

El hecho es que esta forma de conducir temeraria y agresiva nos va generando un fuerte estrés que pagaremos antes o después: antes en un accidente de tráfico o después con cualquier enfermedad relacionada, desde infartos a cáncer. Además, esta forma agresiva de comportamiento la podemos expandir fuera del ámbito del automóvil, llevándola al terreno profesional o personal, con las consecuencias negativas que ello conlleva.

Con nuestro vehículo tratamos de evitar el anonimato de varias formas. La primera es la elección de la marca y modelo. Muchos tratan de reflejar en su vehículo sus propias aspiraciones, por lo que solemos adquirir un vehículo que supera nuestras necesidades, y nuestra capacidad adquisitiva. Y así nos embarcamos en una aventura que difícilmente vamos pagando.

Y además procuramos elementos adicionales que lo hagan diferentes: llantas de aleación, con mayor grosor, pinturas especiales, spoilers y cromados, etc. Hasta tal punto llega este afán de diferenciación que el "Tunning" tiene una gran aceptación a nivel mundial, y supone una importante actividad económica ligada al automóvil.

Al lograr diferenciarnos de los demás nos sentimos especiales al sentarnos en nuestro vehículo. Y aunque la vida vaya mal, al meternos dentro de esta burbuja nos vamos a sentir mejor, puesto que es algo nuestro y lo podemos controlar. Ya no somos un conductor más de un vehículo más de una calle congestionada más. En el interior de nuestro vehículo somos nosotros mismos, lo más importante del mundo.

Estrés de deterioro

Es obvio que a medida que pasan los años vamos adquiriendo una forma de conducir que casi es automática. La experiencia nos permite dominar la carretera y poder preveer las situaciones, de forma que logramos una conducción más ágil y segura. Aunque también los malos hábitos los tendremos tan interiorizados que será muy difícil corregirlos.

Y a medida que conducimos se producen dos deterioros que afectan a la conducción negativamente, y que si no se corrigen pueden producir un accidente.

a. Deterioro del vehículo

Para mantenerlo siempre a punto debemos llevarlo periódicamente al taller, y hacerle un adecuado mantenimiento. Este consiste en solucionar los problemas antes de que aparezcan, es decir, hay que realizar un mantenimiento preventivo.

Si sabemos que los neumáticos se van a gastar, hay que mantenerlos alineados y contrapesados para que este desgaste sea homogéneo y no afecte a la seguridad. Y en cuanto veamos que comienzan a desgastarse debemos cruzarlos y más adelante sustituir dos. De esta forma la vida de los neumáticos será la máxima posible con alta seguridad. Este cuidado en los neumáticos debemos llevarlo todo el año, y ser muy prudentes cuando entre la estación de lluvias, pues en ese momento la adherencia a la carretera es vital.

Este ejemplo de los neumáticos debemos seguirlo con todo el vehículo. Un mantenimiento preventivo será vital para alargar la vida de un vehículo. Y no sólo de las piezas mecánicas, también hay que sustituir las piezas de confort y decorativas. Aunque las empresas automovilísticas están tratando de que cambiamos de vehículo cada cuatro o cinco años, con un buen mantenimiento nos puede durar más de 10 años en perfecto estado, y contaminando lo mismo que si estuviera nuevo. Llegará un momento en que los gastos de sustitución comenzarán a ser muy elevados, puesto que hay elementos que hay que sustituir completos y que son bastante caros, como la sustitución de los airbag, del gas del aire acondicionado, de la correa de distribución, de los amortiguadores, la caja de cambios, etc.

Lo que debe quedar claro es que periódicamente lo tenemos que llevar al mecánico. Pero con previsión, nosotros elegimos cómo y cuando, lo que no nos alterará tanto nuestra vida.

Si no realizamos ese mantenimiento, notaremos como se va degradando. El aspecto del vehículo empeorará rápidamente, y su mecánica también. Comenzará a dar fallos que pronto nos llevarán a quedarnos tirados en la carretera, lo

Las grúas son imprescindibles en esta “Sociedad del Automóvil” en la que vivimos. Son las que aseguran que las vías no se colapsen por vehículos averiados o accidentados. Sin ellas el caos sería total en pocas semanas.

Las obras para sustituir los puentes estrechos cuando se amplía una autopista, suponen un quebradero de cabeza puesto que no se puede cortar el tráfico, sólo limitarlo. Estas obras producen numerosos accidentes de tráfico por las distracciones de los conductores y los cambios en la vía.

que supondrá una gran molestia, aparte de una grúa, llegar sin cita al mecánico y un desembolso no esperado ante un fallo no esperado.

Y llegará un momento en que no nos quede más remedio que cambiarlo. Todo vehículo termina en la chatarra. Y salvo que vaya a convertirse en uno de esos pocos que sobreviven a su generación, lo más probable es que desaparezca, primero desguazado, aprovechándose todo lo posible en la chatarra, después escachado y acumulado en cualquier lugar, o como mucho, utilizado su metal para estructuras de baja calidad. En definitiva, el vehículo desaparece, pero el conductor puede seguir disfrutando de muchos más a lo largo de su vida.

b. Deterioro del conductor

El conductor no es el mismo a lo largo de su vida al volante. El continuo cambio en las condiciones físicas y psicológicas lo llevan a una etapa de su vida donde será un conductor óptimo, todo lo óptimo que él o ella podrá ser, dependiendo de sus conocimientos, valores, aptitudes, carácter y conducta. Estas cualidades comenzarán de menguar, y entraremos en la fase del deterioro del conductor. No se puede establecer una edad determinada, ni siquiera unas condiciones físicas o psicológicas de forma general, porque cada individuo se deteriorará como conductor a diferente edad.

Esta merma de la capacidad de conducir no suele ser apreciada por el propio conductor en los primeros años, y en muchos caso se niega a reconocerla. Se aprecia de verdad porque surgen indecisiones en algunas maniobras, porque se reciben bocinazos de otros conductores al hacer demasiado lenta una maniobra, o porque rozamos sin sentido aparente nuestro vehículo.

Después de estas indecisiones reflexionamos sobre nuestra forma de conducir y cómo se conduce en general, llegando a la conclusión que el tráfico está fatal, que ya no se sabe conducir y que todos son unos desesperados o unos locos. Además, cada día las carreteras están peor, con más atascos y más obras en todos lados, que nos dificultan la conducción aún más. Es decir, echamos la culpa a los demás nuestra falta de viveza. Y como no podemos controlar lo que es externo a nosotros, vemos que la situación no tiene salida, y comenzamos a tener pequeños temores que se traducirán en miedos permanentes.

Los túneles son uno de los lugares que más inquietud genera entre los conductores aprensivos. La estrechez, la falta de visibilidad, los cambios bruscos de iluminación, la mayor lentitud del tráfico, todos estos son factores que afectan a este tipo de personas, y empeora peligrosamente su capacidad de respuesta ante el volante, sus sentidos sufren distorsiones, y su forma de conducir empeora en general. Y si además existe alguna incidencia dentro del túnel, como averías, accidentes u obras, la sensación claustrofóbica puede ser más intensa.

Cada individuo genera sus propios miedos. Unos a la autopista, y tratan de evitarla utilizando vías alternativas. Otros sólo conducen por calles conocidas, dentro de un trazado definido que no se atreven a quebrantar. Algunos deciden que no conducen de noche, porque es más peligroso y no ven bien. Otros sólo se desplazan a lugares donde tengan aparcamiento seguro a la primera, porque se sienten inseguros recorriendo las calles buscándolo. La ciudad parecerá cada vez más complicada y difícil, por lo que algunos decidirán adquirir un vehículo automático, que solucionará el problema de las marchas y el embargue, puesto que cada vez el vehículo se les cala más. Comenzarán a interesarse por el transporte público, y la utilización de los autobuses y de los taxis aumentará.

Esta forma limitada de conducir suelen mantenerla oculta a los demás mientras pueden, Al final la familia se entera, lo que creará preocupación, y a la larga tratarán de limitar que esta persona conduzca. Esta falta de confianza familiar acelerará el proceso de deterioro, y en pocos años el conductor dejará de agarrar el volante para convertirse en usuario del transporte público, o en pasajero de algún familiar.

Y no es bueno que tengamos miedos, porque nos cohíben y limitan nuestra forma de vida. Ante ellos no debemos amilanarnos, sino valorarlos como oportunidades para analizarnos y mejorar. Si nos dejamos vencer por ellos, cada vez nuestra existencia será más limitada y se irá empobreciendo, lo que afectará a nuestra calidad de vida. Y los últimos años de nuestra vida deben ser los mejores, llenos de energía y disfrutando de los nuestros. El deterioro no es inevitable.

La mayoría de los conductores podrían retrasar indefinidamente este deterioro si estuvieran pendientes de su propio cuerpo y le realizaran un "mantenimiento" adecuado. No sólo hay que ir al médico cuando se siente una dolencia, sino también cuando notamos que disminuyen nuestras capacidades.

La mayoría de las personas piensan que es lógico que nos deterioremos con la edad, que nuestras capacidades disminuyan, y que por lo tanto dejar de conducir es inevitable. Sin embargo esto es falso. La mayoría de los problemas fisiológicos que influyen en la conducción pueden corregirse.

Las obras dentro de los túneles los vuelven más peligrosos, y generan inseguridad a los conductores más aprensivos.

Resulta imprescindible que a partir de una cierta edad, que puede variar en cada uno, nos realicemos un chequeo completo de nuestro estado de salud en general y del funcionamiento de nuestros sentidos. Muchas veces estamos teniendo un problema, no somos conscientes de él, y sin embargo nos está influyendo en nuestra vida diaria.

Un ejemplo es la pérdida de audición. Muchas veces no nos damos cuenta de que está ocurriendo, y cuando acudimos al médico ya hemos sufrido una pérdida importante. Generalmente ya nos han dicho varias veces que parece que estuviéramos sordos cuando se nos ocurre ir al otorrino. Pero se puede corregir de muchas maneras, y actualmente casi cualquier persona puede oír perfectamente. Los tratamientos médicos, la cirugía y los audífonos internos o externos nos permiten disfrutar de nuevo de todos los sonidos que nos acompañan diariamente. Y por supuesto que una correcta audición es imprescindible en la conducción, pues nos ofrece una información vital que la vista no nos puede dar.

Otro ejemplo es la vista. Nos preocupamos de ir al oculista para ver mejor la televisión o poder leer el periódico o un buen libro, y por la misma razón debemos revisarla para poder llevar nuestro vehículo. Y da lo mismo la edad que uno tenga, nunca es tarde para tratarse los ojos. Se dice que los ancianos son torpes y no tienen reflejos, cuando la mayoría de las veces es que simplemente no ven bien. Sin una adecuada visión no podemos conducir con seguridad.

También hay otros problemas que se agravan con la vejez y que debemos corregir porque afectan a la conducción. Cualquier desajuste en nuestra salud es necesario tratarlo adecuadamente, como problemas cardiacos y de presión circulatoria, musculares, reumas y artritis, diabetes, y un largo etcétera. Adecuadamente controlados, podremos conducir con seguridad.

Por lo tanto la salud del individuo es muy importante en la conducción. Un estilo de vida saludable, con una alimentación adecuada (aunque nos demos algún capricho), no demasiado sedentaria (aunque a veces estemos de vagos), y con una actitud positiva (aunque a veces nos arrastremos), nos asegurarán que no sólo nuestra calidad de vida será mejor desde el punto de vista de nuestra salud, sino que nos permitirá realizar todas las tareas diarias con soltura, entre ellas conducir. Y este estilo de vida saludable no es una carrera de obstáculos, ni tampoco es de

Aunque tengamos una capacidad visual estupenda, la velocidad altera nuestra percepción, perdiendo rápidamente la visión lateral, y limitando con ello nuestra capacidad de valorar adecuadamente el entorno. A este fenómeno se le conoce como "efecto túnel".

velocidad, sino de fondo. Por lo tanto no importa lo que uno haga en un día determinado, sino que al mirar hacia atrás uno pueda tener la seguridad que la trayectoria ha sido la correcta.

c. *Deterioro del tráfico y de las infraestructuras*

Continuamente los conductores vamos a ser sufridores de dos situaciones que van a alterar diariamente nuestro trayecto.

El deterioro de las condiciones del tráfico es evidente. Va en aumento cada día. El número de vehículos matriculados cada año es mayor y lo notamos en la carretera. La densidad en horas punta se vuelve insoportable, y ya sólo se conduce cómodo en pocas ocasiones a la semana. Y eso si no contamos los accidentes, obras, manifestaciones o cualquier otra eventualidad que altere las condiciones "normales" de nuestro trayecto habitual. Dependiendo de donde vivamos sufrimos estas alteraciones más o menos frecuentemente. Y cuantos más vehículos somos más agresivos nos volvemos, empeorando todavía más la conducción. Los aparcamientos disminuyen, y el tráfico se ralentiza, por lo que cada vez necesitamos más tiempo para realizar la misma ruta. Y nos acostumbramos, porque no nos queda más remedio que esperar. Conocemos rutas alternativas, pero pocas veces realmente nos acortan el camino. Este deterioro del tráfico nos va produciendo una serie de alteraciones fisiológicas que a la larga empeoran nuestra calidad de vida.

Las infraestructuras se deterioran. Aunque se llevara un adecuado mantenimiento de todas ellas (algo que es imposible), existen muchas carreteras, autovías, puentes, peajes, caminos, etc., que soportan mucho más tráfico del que son capaces de absorber, y que acortan enormemente la duración de las mismas. Cada vez se construyen nuevas vías, lo que supone mayor esfuerzo inversor. Y es tal el tráfico, que para mantenerlas adecuadamente habría que repararlas continuamente, por lo que habría que limitar el tráfico por las obras, por lo que no serían operativas buena parte de su vida útil. La única solución con estas vías es repararlas por las noches, en horario de baja densidad de tráfico, pero con la problemática del exceso de velocidad en horas nocturnas, lo que suele generar graves accidentes a pesar de la correcta señalización de las obras.

El deterioro de las infraestructuras actuales es inevitable, puesto que se supera con creces la carga máxima que pueden soportar. Esto supone una lucha constante por parte de la Administración, con un presupuesto en mantenimiento cada vez mayor. Por otro lado, los conductores sufren diariamente las obras, lo que supone una merma

Las obras dentro de la ciudad crean tantos problemas como las que se hacen en las carreteras exteriores, con la diferencia que afectan a la vida diaria de los vecinos.. Se cortan calles, se quitan aparcamientos, se pierden lugares para el paso de los ciudadanos. Y siempre se harán, porque los edificios están en un continuo proceso de reforma y mejora.

en la efectividad de las vías, y las consiguientes colas interminables. Esta situación es cada vez más grave, y no tiene solución mientras el parque automovilístico actual y futuro transite por ellas.

La influencia del deterioro de las infraestructuras sobre el conductor es evidente, pues acrecienta todos los problemas relacionados con el estrés, la fatiga, la ansiedad, el aislamiento y el deterioro personal. Conducir por carreteras en mal estado y mal señalizadas exige más atención y alerta, puesto que el riesgo de sufrir un accidente es mayor.

Estrés de desconocimiento

La sociedad actual va cada vez más rápido. Es la era de la información. No sólo por la cantidad de ella, sino lo rápido que se trasmite, y lo inmediato que caduca.

Existen nuevas formas de comunicarse, en las que prima la inmediatez. El teléfono móvil e Internet están revolucionando la sociedad actual, y también han acelerando la vida de los ciudadanos. La combinación de las nuevas tecnologías con el automóvil ha permitido que determinadas profesiones mejoren enormemente, pues la persona se puede comunicar con los demás sin necesidad de estar en la oficina. Lo pueden llamar esté donde esté, y el también puede optimizar su ruta realizando llamadas. Ha aumentado el nivel de seguridad, y ya los conductores no están solos en la carretera.

Disponemos de móvil con manos libres para poder hablar mientras conducimos, navegador con GPS para conocer la mejor ruta, las radios ofrecen información actualizada sobre el estado del tráfico. Los vehículos de empresa disponen de un localizador vía satélite en tiempo real y poder planificar los trayectos, o localizarlo en caso de robo.

Para poder estar al día de la información más actualizada tenemos que estar pendientes continuamente de los medios de comunicación, lo que nos obliga a crear una rutina en muchas de nuestras acciones diarias. Desde que nos levantamos tenemos que estar pendientes de la radio, de la televisión o de Internet para estar actualizados. También el contacto con otras personas es vital para saber que ha ocurrido en la carretera o con que nos vamos a encontrar.

Desde una obra, un accidente, o una manifestación, muchos pueden ser los inconvenientes que nos podemos encontrar diariamente. Y con la información precisa podemos evitar muchos atascos. Y aunque optemos por rutas alternativas, el buen conductor es prevenido, es decir, está siempre en alerta y ante cualquier indicio de incidencia toma las medidas preventivas necesarias.

Si no tenemos la información, o no reaccionamos a pesar de ver indicios de problemas, caeremos en el gran atasco, ese que convierte un trayecto de 15 minutos en uno de 1 hora. Cuando llegamos al destino estamos ansiosos, fatigados, estresados, deteriorados y con una sensación de haber estado aislado del mundo, impotentes sin poder realizar nada de lo previsto.

Por eso es fundamental el conocimiento. Pero tenemos que ser conscientes que no podemos desengancharnos de la información, porque quedaremos rápidamente desfasados. Y eso nos hará conducir peor. Cuando en una ciudad se abre un tramo nuevo, y se promete que va a solucionar parte del problema del tráfico, es vital que los conductores conozcan como llegar a esa vía, que entradas y salidas tiene, cuales son sus horas puntas. Si no, el día de la inauguración se produce el caos, pues los conductores tratan de utilizar las viejas, cuando ya tienen cambios para que su uso sea otro. Y la nueva se infrautiliza hasta que se va conociendo y difundiendo la información entre los conductores. Entonces todos tratarán de aprovecharse de sus ventajas, con lo que la saturamos y pierde rápidamente las cualidades positivas.

En definitiva, el conductor tiene que esforzarse diariamente en estar al tanto de la situación del tráfico en su ruta habitual, y esto exige tiempo y dedicación. Si no está al día la conducción será todavía más estresante. Además en la actualidad es imposible absorber la gigantesca cantidad de información que se genera a nuestro alrededor, tenemos que ser selectivos porque fácilmente nos puede saturar. El verdadero problema es que no existe ninguna forma de que conocer toda la información a tiempo real, por lo que el conductor siempre se encontrará con imprevistos que alterarán su planificación, que para colmo está realizada suponiendo que no va a haber excesivo tráfico. Esto nos producirá un descenso en nuestra calidad de vida.

Estrés de conductor: azar, aleatoriedad de los accidentes y situaciones imprevistas

Muchas veces al año pasamos conduciendo cerca de un accidente. Debido a la cola que se produce, ya que todos los conductores disminuyen la velocidad para mirar, tenemos tiempo suficiente para verlo nosotros también. Resulta lógico que se forme un atasco en el mismo sentido de la autopista donde se produjo el accidente, y lo realmente increíble es que también se forma en los carriles del sentido contrario. Estos dos atascos imprevistos suelen generar otros accidentes por alcance. Cuando ya hemos mirado (aunque sea de reojo) vemos que la autopista delante nuestra está despejada, y nos decimos algo así como ¡Cómo es posible que todo el mundo se pare a mirar!, cuando nosotros mismos hemos formado parte de este atasco de conductores curiosos. No hay que sentirse culpable por mirar, porque el sentido de la curiosidad es innato y además imprescindible para la supervivencia. Sólo deberíamos sentirnos unos indeseables si buscamos donde aparcar y nos acercamos al accidente para disfrutar del espectáculo.

Cuando llegamos a casa y vemos las noticias, no hay día que no haya habido un trágico accidente con varios muertos, ya sea por alcance en autopista, por salidas de las vías, por autobuses o camiones, etc. Nos horrorizamos unos segundos, pero seguimos con nuestra vida ¿Qué más podemos hacer? Somos conscientes que podemos tratar de conducir más tranquilamente, pero eso no nos librará de que cualquier día un "loco" nos embista. Nos da la sensación de que es labor del gobierno reorganizar el tráfico y las infraestructuras para que disminuyan los accidentes, aunque en el fondo sabemos que seguirán habiendo muertos en la carretera.

Así que continuamos conduciendo diariamente, con la certeza de que los accidentes se producen alrededor nuestro diariamente, pero parece que existe una esfera protectora, un ángel custodio, un azar positivo, que nos protege de todos los males. Así que tenemos la certeza interior de que conduciendo como lo hacemos todos los días no nos va a suceder nada. Y aunque realicemos maniobras peligrosas, no somos conscientes del peligro real que estamos corriendo. El accidente siempre se produce de forma brusca, inesperada, brutal, incontrolable, y con consecuencias imprevisibles. Lo mismo sólo hay ruido y movimientos bruscos, quedando todo en un susto, o igual perdemos la vida súbitamente, sin tiempo para reflexionar y sin nunca saber lo que realmente ocurrió.

Para el transporte de mercancías si es necesaria la existencia de vehículos pesados específicos. Pero para el transporte de personas bastaría con transportes colectivos.

Los accidentes ¿son debidos al azar, son producidos conscientemente, o están marcados previamente por el destino? Es decir, ¿Son responsabilidad nuestra, o son inevitables? ¿Se producen por fuerzas exteriores a nosotros, y lo que tiene que pasar nos ocurrirá, o nosotros podemos construir nuestro futuro? Obviamente este dilema sobrepasa la temática de la conducción, y se trata de un debate filosófico abierto que no tiene una única respuesta.

Lo que está claro es que no podemos dominar y controlar todo lo que nos rodea, ni tampoco podemos predecir el futuro. Nuestras decisiones son vitales para decidir que nos va a suceder, pero existe un parte incontrolable (que unos llaman azar y otros lo denominan destino) que nos sorprenderá diariamente con situaciones no esperadas.

Por esto, habrá veces que con nuestras decisiones evitaremos un accidente o lo provocaremos, y otras veces el accidente se producirá sin que nosotros hayamos participado activamente, y todo se nos venga encima súbitamente.

Esta realidad, mezcla de azar y destino, es interiorizada de forma diferente por cada persona, y su postura variará a lo largo de la vida. Cuando nos encontremos en un momento álgido, pensaremos que podemos controlar el futuro y que la suerte nos sonríe. Cuando nos vaya peor la vida, achacaremos a fuerzas exteriores parte de nuestros males.

Con respecto a la conducción, nuestro comportamiento será de tranquilidad si no hemos sufrido nunca un accidente. Desde el momento que nos ocurra, nos plantearemos muchas cuestiones, la mayoría sin respuesta clara, sobre nuestra relación con el tráfico. Si somos de carácter optimista, pronto superaremos nuestros traumas y conduciremos de nuevo con seguridad. Si somos más aprensivos, nuestras malas experiencias pueden limitarnos nuestra capacidad al volante, porque nos darán miedo determinadas situaciones. Conduciremos más inseguros, y trataremos de evitar determinadas situaciones de riesgo. Desde nuestro punto de vista seremos más prudentes, pero quizás estemos conduciendo con más riesgo sin saberlo. Como ejemplo de esto tenemos la realidad de conductores que no llegan a los 80 Km./h por la autopista, y que encima adelantan a vehículos más lentos, poniendo en peligro al resto de conductores, porque muchas veces no respetan la velocidad normal (más usual) de una vía.

Con el tiempo este miedo a la posibilidad de un accidente, o miedo al azar, termina limitando la conducción, primero volviéndonos inseguros, y finalmente dejando de conducir cuando somos conscientes del alto riesgo que supone nuestra incorporación a la vía, porque no somos capaces de controlar las situaciones.

Este miedo al azar influye de muy diferente forma a cada conductor, y en general podemos controlar la conducción, mientras alrededor se siguen produciendo accidentes. Somos conscientes que ocurren, pero tenemos esa confianza subconsciente de que no nos va a tocar a nosotros.

Y no sólo el azar o el destino influyen en los accidentes, también en encontrar aparcamiento. Muchas son las veces que pensamos que vamos a tener buena suerte y vamos a conseguirlo justo al lado de donde vamos. Si esto ocurre, nos reforzará la idea de que la suerte existe y que está de nuestro lado. Si no lo encontramos, nuestra idea de la suerte no cambia, pues seguro habrá alguna otra ocasión que estará de nuestro lado.

Esta concepción de que la suerte existe más que el azar, nos llevará a ser menos previsores con la planificación de nuestro tiempo, y los ajustaremos pensando que nada más llegar encontraremos nuestro puesto. Por supuesto que esto no ocurre, y fácilmente llegamos tarde al trabajo o nuestra cita porque no encontrábamos donde aparcar. Estas situaciones que se repiten diariamente nos cargan de estrés y ansiedad, pero difícilmente salimos de este círculo vicioso. Debemos concienciarnos que para llegar a tiempo a un lugar debemos que pensar en estar allí con el vehículo unos 20 minutos antes, para que podamos aparcar con tranquilidad.

También el azar o el destino son los responsables de los pequeños daños que sufren nuestros

Los conductores aparcan sobre las aceras porque "es solamente por un momento", lo cual entorpece gravemente a los demás, sobre todo a los peatones.

vehículos. Una raya en el capó, el robo en el interior, las gomas pinchadas, un roce de otro vehículo al aparcar, incendios intencionados, etc. Por supuesto que no podemos estar vigilándolos las 24 horas del día, por lo que realmente los estamos dejando en la calle con la esperanza de que no les suceda nada, pero sin poder hacer nada por evitarlo. Procuramos aparcarlos en zonas iluminadas, transitadas o vigiladas, o en aparcamientos cerrados, pero aún así no tenemos garantía total.

Como no somos unos perfectos conductores, y no cumplimos siempre la normativa, contamos con el azar o con el destino para que nos ayuden en nuestra conducción diaria. Y de este modo cometemos infracciones diariamente con la esperanza de no ser detectados por las fuerzas del orden, que seguramente nos multarían. Conducimos con exceso de velocidad (¿Quién va a menos de 50 Km./h por el interior de la ciudad?), nos aparcamos en raya amarilla, a doble fila, en los pasos de peatones, sobre la acera, hacemos cambios de sentido en calles con línea continua, y un largo etcétera de infracciones. Y por ahí anda la policía, tratando de hacer su trabajo imposible, y nosotros dejando el vehículo mal aparcado con la esperanza de que hoy no nos toque a nosotros, y es que sólo lo vas a dejar un momentito para poder hacer algo muy importante.

El azar o el destino pueden hacer que hoy sea un día cualquiera, o que tengamos que pagar multa y grúa. En realidad sabemos que estamos haciendo algo no correcto, pero por otro lado muchos más conductores lo hacen, por lo que no somos los únicos culpables. En parte deseamos escapar de la multa amparándonos en la multitud de infractores. Y muchas veces lo logramos. Y si lo pensamos bien tampoco nos sale tan caro, puesto que pagar por aparcar todos los días quizás nos saldría peor.

Esa sensación de haber aparcado mal, y volver a buscar el vehículo sin la certeza de que todavía esté ahí, nos crea una gran ansiedad que se acrecienta a medida que nos acercamos donde lo dejamos, y que de pronto nos relajamos al verlo. La presión sanguínea sufre un descenso brusco, justo antes de subirnos de nuevo en el vehículo y seguir con la lucha diaria, lo que nos pondrá de nuevo en tensión.

Cada día suceden a nuestro alrededor numerosos eventos imprevistos, y es imposible conocerlos todos. Muchos vienen programados por los organismos públicos, y otros por entidades privadas. En las grandes capitales es tan grande el descontrol que muchos días se solapan. Y para muchos conductores esta situación resulta insoportable, y unida a la falta de aparcamiento, se deciden por la utilización del transporte público, sobre todo si existe metro.

Estos eventos imprevistos: accidentes, manifestaciones, obras, determinan nuestro estado de ánimo al final del día, y nos agotan física y mentalmente. Aún así siempre dejamos parte de nuestras decisiones en la carretera al azar o destino, porque creemos que están de nuestro lado, y porque somos esencialmente positivos y a veces demasiado testarudos.

7. Gestión del espacio y movilidad derivados de la posesión de un vehículo

Configuración espacial de la ciudad

La configuración actual de las ciudades ha sido creada por y para el automóvil privado como unidad básica de movimiento, puesto que vivimos en la "Sociedad del automóvil". Es decir, para transportar a una persona que no ocupa un metro cuadrado utilizamos un elemento que abarca más de 6 metros cuadrados y que para desplazarse demanda que la ciudad tenga mucho espacio dedicado en exclusiva y de forma permanente a él. Además, la mayor parte de su vida útil estará estacionado, ocupando un volumen permanentemente.

Y esta realidad degrada nuestra calidad de vida, influyendo diariamente en nuestra forma de disfrutar de la ciudad. Pero no sólo al ir andando, sino que limita la utilización de otros medios de transporte individuales no contaminantes (como las bicicletas) y colectivos contaminantes (como los autobuses y tranvías).

Es por esto que la mejor opción que se ha encontrado hasta ahora para poder transportar a tantas personas diariamente se encuentre en el subsuelo.

Cuando los primeros metros se construyeron eran obras faraónicas, con maquinaria y herramientas del siglo XIX, y con mucha mano de obra. Fueron muchos los trabajadores que perdieron la vida en esos túneles. Y actualmente se siguen construyendo nuevas líneas, y se alargan otras a medida que las ciudades crecen en la periferia.

El hecho es que el espacio es muy limitado, y los vehículos particulares ocupan un gran volumen de forma permanente. Unas cuatro personas ocupan un metro cuadrado, y un vehículo medio unos 6 metros cuadrados, lo que quiere decir que para transportar una sola persona estamos utilizando un sistema que ocupa un volumen en el que cabrían 24 personas. Además las infraestructuras para los viandantes quedan limitadas al espacio que quede después de asegurar el paso de los vehículos.

Las limitaciones de espacio las podemos clasificar según a quién afecte. Primero tenemos que considerar a los ciudadanos, principales usuarios de las vías, y fin último de la movilidad en la ciudad. Ante todo debemos recordar que lo más importante son las personas, y este principio debe ser tenido en cuenta en cualquier diseño o planificación de la ciudad. El espacio es ocupado por muchísima gente que se desplaza a pie, con puntos de gran saturación y zonas infrautilizadas.

El espacio es ocupado por todo tipo de vehículos, y ahora mismo se consideran más importantes que las personas: automóviles, motos,

El tranvía ocupa mucho espacio de forma permanente y contamina consumiendo excesiva electricidad.

Es usual ver en nuestras aceras y avenidas las motos aparcadas, ocupando un espacio que se supone exclusivo para peatones.

autobuses, furgonetas, camiones, etc. No sólo hay que asegurarles un lugar por el que transitar, sino también donde aparcar, tanto en sus movimientos diarios, como cuando no son utilizados.

El espacio también es usado para la instalación de elementos fijos que son imprescindibles para el funcionamiento de la ciudad. Farolas, barandillas, escaleras, bancos, plazas, bocas de metro, estatuas, quioscos, parterres con flores, árboles, paneles informativos, señales, carteles publicitarios, vallas, etc. Con todos estos elementos se puede tropezar un viandante. Pero suelen permanecer fijos durante mucho tiempo, por que rápidamente nos adaptamos a su presencia.

Las obras limitan la movilidad por las ya de por sí estrechas aceras, obligando a los ciudadanos a caminar por las vías, poniendo en riesgo su seguridad. Además generan ruidos y residuos que afectan a la salud.

El espacio es utilizado por todas las actividades que se realizan al mismo tiempo. Quizás las más conocidas, porque su efecto sobre la movilidad es grave, son las continuas obras. "Que bonita será la ciudad, cuando la terminen", y es que no existe rincón donde no haya una obra, reforma o reparación que limite o bloquee la movilidad de las personas o del tráfico rodado. Y no sólo afecta en el propio lugar, sino supone el desplazamiento de camiones con material o escombros, maquinaria pesada, etc. que llegan a paralizar las calles por las que pasan.

También la ciudad tiene actividades propias diarias que limitan el uso del espacio o la movilidad, como la recogida de basuras o la limpieza de las calles.

Las concentraciones de público, como manifestaciones, actos culturales o de ocio, son otras actividades que influyen en la limitación del espacio o la movilidad. En grandes ciudades capitales de provincia, comunidad autónoma o Estado suponen un grave problema, porque prácticamente todas las semanas hay una manifestación que colapsa el centro, volviendo el tráfico en un caos. Y hay determinadas semanas al año que sabemos que conducir o movernos va a ser muy difícil, como en algunas ciudades con los carnavales, la Semana Santa o Navidad. También la celebración de grandes eventos, políticos o deportivos, afectan enormemente, pero son escasos.

En España y otros países son tradicionales las procesiones, de gran importancia para las ciudades, en donde se venera con fervor religioso a determinados santos o vírgenes. Durante su celebración se limita la circulación de vehículos en numerosas calles, y la afluencia de personas suele ser masiva. Estas actividades se ven limitadas por la existencia del tráfico privado, que se ve colapsado en las calles adyacentes a estos eventos.

Las carreteras y resto de vías de comunicación no sólo ocupan espacio, sino también suponen

Las procesiones son elementos esenciales de nuestra cultura, y el tráfico privado supone un entorpecimiento de la afluencia de personas a ellas.

barreras artificiales a la movilidad de personas y resto de seres vivos. La proliferación de vías en espacios abiertos supone un problema ambiental importante, porque una carretera es como una barrera prácticamente infranqueable para los seres vivos, dividiendo artificialmente los ecosistemas. Impiden el desplazamiento de muchas especies, poniendo en peligro su vida al intentar cruzar, su supervivencia, reproducción e intercambio genético. Para las personas suponen un trastorno al dividir los territorios. Además las poblaciones se suelen configurar alrededor de una vía de comunicación. Dentro de las ciudades estas vías imponen una separación física de ambas lados de la vía, que aparte de suponer un alto riesgo su paso de un lado al otro, imponen un aislamiento social de las poblaciones.

Todas las limitaciones comentadas anteriormente influyen negativamente en la movilidad de las personas a pie. Si contamos con que lo más importante en una ciudad son sus habitantes, veamos a continuación los principales obstáculos con los que se encuentra si decidiéramos desplazarnos a pie.

El espacio que es necesario reservar de forma permanente para la circulación del tráfico privado limita enormemente el territorio para otras actividades, y separa, aísla y divide zonas biogeográficas.

Los garajes individuales quitan espacio a las personas, eliminan lugares de aparcamiento externos y suponen un problema de seguridad para los peatones, pues salen los vehículos directamente a la vía atravesando las aceras.

Las aceras son el único espacio reservado para peatones de toda la vía, y no de forma exclusiva, pues tienen que compartirlo con otros elementos, como papeleras, farolas, bancos, contenedores de basura, etc.

La salida desde nuestro edificio

Que las ciudades están configuradas para la comodidad de los vehículos es totalmente cierto, y si comprobamos las fachadas de los edificios nos daremos cuenta de ello.

Muchos edificios, sobre todo los más antiguos, no cuentan con garaje. Esta realidad se debe a tres motivos: la falta de visión de futuro del constructor y arquitecto, al sobre coste añadido al tener que profundizar en el suelo, o al engaño deliberado a la administración pública. Y es que cuando en muchos municipios ya era obligatorio presentar los proyectos con plazas de garaje, se siguieron construyendo sin ellos, y los reconvirtieron en locales comerciales, mucho más lucrativos.

Otros edificios si cuentan con garaje, pero al fabricarlos no profundizaron lo suficiente, por lo que la entrada principal para los propietarios cuenta con escaleras. La posibilidad de mejorar el acceso por medio de rampas no siempre es posible. Este es otro ejemplo de como se ha pensado antes en la comodidad de los vehículos que la de las personas. Estos tramos de escaleras suponen una barrera insalvable para muchas vecinos con problemas de movilidad, que quedan "atrapados" en sus propios edificios.

Los garajes suponen además un problema de seguridad importante. Primero porque permiten el acceso al edificio a personas que pueden aprovechar la apertura de las puertas. Y como los vehículos salen directamente a las aceras, los viandantes pueden ser atropellados. Estas entradas de garaje poseen además zonas oscuras que

Las ciudades están llenas de aceras tan estrechas o intransitables que es imposible que los peatones pasen por ellas sin peligro.

restan seguridad a las calles, pues pueden ser aprovechadas para cometer delitos.

Las aceras

Su principal misión debería ser permitir andar por la ciudad de forma eficaz. En realidad se tratan de espacios confinados que obligatoriamente hay que dar a los viandantes en detrimento de los vehículos. Esta es la razón por la que son estrechas, incómodas, llenas de infraestructuras, muy mal comunicadas entre si, con bordillos demasiado altos. Podríamos describir aquí muchas aceras de nuestras ciudades que son la esencia misma de lo que planteo. Aceras tan estrechas en las que no puede caminar ni una sola persona.

Como están rodeadas por automóviles, resulta muy difícil atravesar la calle, por lo que hay que ir hasta un paso de peatones donde, curiosamente, justo hay un vehículo aparcado. Si caminar resulta difícil, imagínense en silla de ruedas, con un carrito de bebé o con el carro de la compra.

Además en las aceras se coloca el mobiliario, en detrimento de las personas. Así las farolas, quioscos, marquesinas, bancos, parterres, árboles, paneles de publicidad, vehículos aparcados y un largo etcétera que nos dificultan aún más el camino. Los servicios que nos ofrece el municipio son colocados a veces sobre las aceras, como los contenedores de basura.

Debido a su dificultad de acceso, resultan complicadas de limpiar, por lo que cuanto más estrecha sea una acera más sucia estará. Deposiciones de perros, hojas de árboles, excrementos de pájaros, papeles, basuras, colillas, chicles, escupitajos, etc. adornan el suelo. Así, como son más estrechas nos cuesta más sortear estos obstáculos. Con respecto a la limpieza también depende de la zona. Las zonas más turísticas o importantes reciben limpieza diaria, y a medida que nos alejamos nos encontramos con aceras que no se limpian desde hace meses.

También necesitan mantenimiento, aunque en algunos municipios se hayan olvidado de ello. Losetas rotas durante años es lo habitual. Registros que están abiertos o rotos, pavimento demasiado resbaladizo. Esto supone un grave riesgo para los viandantes, especialmente para los de la tercera edad, porque poseen peor calidad visual y menos reflejos y equilibrio.

Cuando caminamos por las aceras estamos totalmente desprotegidos por arriba. Es incomprensible que las ciudades no protejan a sus viandantes de las inclemencias del tiempo. Los edificios tendrían que tener estructuras que nos

Aparcar sobre los pasos de peatones es uno de nuestros diarios actos de egoísmo.

Los contenedores de basura se colocan en las aceras o ramblas, para no quitar espacio a los vehículos.

En numerosas ciudades cuentan con camiones que circulan por los bordes de las vías recogiendo automáticamente la basura del suelo. Su trabajo se ve entorpecido por el tráfico privado, y ello supone una menor efectividad, y un mayor coste ambiental y económico.

protegieran de la lluvia, del viento, del sol, y de paso de la caída de objetos desde las ventanas y balcones. Bastaría con que los edificios tuvieran unos pequeños salientes inclinados que sirvieran para desviar los objetos que caigan hacia el centro de las calles, y no en las aceras.

En realidad resulta peligroso caminar por las aceras, puesto que ofrecen demasiados elementos de riesgo, y además no resultan cómodas. Sólo muy pocas aceras en nuestra ciudad nos ofrecen la seguridad y la comodidad que nos merecemos. En realidad, en vez de permitirnos caminar cómodamente por nuestras ciudades, sólo suponen unos espacios mínimos que rodean a los edificios, y difícilmente comunicados entre sí.

Las zonas peatonales

En casi todas las ciudades españolas existen calles en las que no pueden entrar vehículos a motor. Incluso se dan zonas o barrios en los que sólo se puede acceder a pie.

En los cascos más antiguos, que conservan la configuración medieval, abundan las calles estrechas, torcidas y con numerosos cruces. Se trata de lugares acogedores, cálidos, que invitan a perderse en ellos. En la actualidad estas zonas se han convertido en apreciados lugares turísticos, y suponen una cita obligada en las que abundan locales comerciales de todo tipo.

Estas zonas peatonales angostas sólo permiten el tráfico a pie, por lo que son islotes rodeados de otras calles llenas de vehículos aparcados de cualquier manera, puesto que de alguna forma tienen que acceder los comerciantes y proveedores con el material a los locales. Son zonas de mucho tránsito, puesto que sólo el transporte de mercancías supone un continuo ir y venir.

Desgraciadamente son zonas peatonales en las que no se puede mejorar su comunicación, porque no tienen espacio físico para ningún medio de transporte, y lo único que se puede hacer es señalizarlas adecuadamente para facilitar el tránsito y mantener las calzadas en buen estado. Quizás en algunas calles se puedan poner estructuras para evitar la lluvia o la caída de objetos, pero por lo general son tan angostas que poseen poca luz natural y cualquier elemento que dificulte la entrada de luz no es adecuado.

También en las zonas más modernas de la ciudad existen calles de tráfico restringido, generalmente por su alto interés comercial. Se convierten en lugares de paseo y esparcimiento en donde abundan tanto las tiendas como restaurantes y bares. Suelen ser calles anchas, de moderno pavimento y mobiliario, y podríamos decir que son frías desde el punto de vista estético. Parece como si te invitaran a entrar a los establecimientos, todos cálidos y bien iluminados.

En estas calles se permite el acceso de los vehículos de carga y descarga, generalmente dentro de un horario restringido, lo que permite el abastecimiento de los locales. Generalmente poseen grandes aparcamientos subterráneos cercanos, facilitando que los ciudadanos puedan acceder a estas zonas con su vehículo.

Estas calles anchas si se pueden convertir en calles comunicadas si es necesario, con un medio de transporte lento que permita la movilidad de un extremo a otro. Este medio de transporte puede tener varias paradas o ir a una velocidad tal que permite subir y/o bajar en cualquier punto.

Los pasos de peatones. Semáforos

La invasión de los vehículos ha supuesto una compleja regulación del tráfico, tratando de separar los vehículos del movimiento de las personas. Pero la separación total es imposible, por lo que se establecen innumerables puntos en los que interaccionan, se molestan, se ralentizan.

Los semáforos fueron concebidos con la finalidad de disminuir la alta siniestralidad en los cruces, y regular la caótica situación que se produce en ellos si todos los vehículos acceden al mismo tiempo. De forma secundaria sirven para detener el tráfico y permitir el paso de los viandantes al otro lado de la vía. Sin semáforos, muchas de las calles actuales son barreras infranqueables para los peatones, dividiendo de forma efectiva los "islotes" que suponen las manzanas de viviendas. En muchos países subdesarrollados, sin regulación de semáforos, el tráfico es igual de fluido a base de ceder el paso, con normas locales no escritas pero que todo el mundo conoce.

Se da por supuesto que todos cumplimos las normas, incluso cuando consideremos que son injustas. Pero esa suposición es falsa, y todos los conductores y peatones han incumplido la normativa a lo largo de su vida. Muchas de las veces esto no tiene como consecuencia un incidente o accidente, pero otras muchas sí. Y aunque uno cumpla la normativa, siempre hay que moverse con precaución, porque no sabemos cuando alguien cercano la va a incumplir. Y aún cumpliendo las normas al volante o caminado, pueden suceder muchos hechos aleatorios que pueden generar un accidente.

Las terrazas de los bares y restaurantes tienen que convivir con el ruido y la contaminación del tráfico en muchas ciudades. Para poder disfrutar de ellas, la eliminación del tráfico adyacente es primordial.

La limitación semafórica del movimiento de vehículos y personas hace que ambos queden limitados, y se produzcan interacciones negativas que los bloqueen aún más. Y eso si todos cumplimos.

Como las ciudades están creadas para la movilidad de los vehículos, los viandantes quedan en segundo plano, y se ven perjudicados por cualquier diseño del tráfico que se realice. Nos peleamos en aceras estrechas, y cuando por fin llegamos al paso de peatones, tenemos que esperar a que los vehículos se detengan. Entonces cruzamos, con el riesgo de que alguien se lo salte, y muchas veces los vehículos no respetan nuestra preferencia, quedándose parados encima del paso de peatones, si no es que se han aparcado desde antes. Además, somos muchos los ciudadanos que no respetamos la normativa como peatones.

Los peatones siempre incumplen voluntariamente las normas de tráfico, saltándose semáforos o cruzando por lugares prohibidos, lo que genera continuos accidentes. A esto hay que añadir los despistes o actos involuntarios, que son también peligrosos porque son inesperados.

La necesidad del paso de vehículos ralentiza el tránsito de personas, que además sufren la contaminación ambiental (polución, ruidos, etc.). La presencia de viandantes en las calles aumenta el nivel de estrés de los conductores, porque en cualquier momento un peatón puede aparecernos justo delante. A la hora de aparcar también tenemos que tener precaución, porque muchos aprovechan ese hueco que está libre para pasar, justo en el momento que nosotros estamos aparcando.

La realidad es que la circulación de vehículos y la de personas se interrelacionan tanto, que ambas se estorban hasta llegar muchas veces al colapso de ambas. Esto lo vemos cuando existe un acontecimiento que moviliza a muchas personas, creándose grandes atascos tanto en las aceras como en las calles.

La regulación de este caos se realiza con guardias de tráfico, muchas veces sin éxito (cuántas veces en un atasco hemos pensado que seguro se debe a que en el siguiente cruce hay un guardia, y cuando llegamos a ese lugar ahí esta el policía, haciendo lo imposible por resolver una situación que siempre le desborda). La buena conciencia de muchos conductores hace que los atascos sean menos horrorosos y se vea poco a poco la luz al final del túnel. Para ello ceden el paso a otros vehículos, no bloquean los cruces, etc.

Por regla general son los propios conductores los que regulan el tráfico, pues cada comportamiento individual cuenta mucho para agilizar el tráfico o generar un caótico atasco. Quedarse en doble fila, bloquear un cruce, aparcar en una curva, etc., ayudan a que cada día conducir sea un suplicio.

Para tratar de evitar la problemática que genera las interferencias entre el tráfico humano y el rodado, se ha optado por separarlo físicamente. Cuando es posible, se crean pasos subterráneos para peatones, o para los vehículos. Pero ambos son costosos y generan problemas de inseguridad ciudadana. Para peatones se crean puentes, que obligan a hacer un largo recorrido en altura, y muchas veces desprotegidos de las inclemencias del tiempo. Lo que me resulta al menos curioso es que por lo general son los peatones sobre los que se aplica la medida correctiva, en detrimento del tráfico rodado.

Los semáforos parecen la solución perfecta, porque conjugan el comportamiento individual de los conductores con la planificación general de las autoridades del tráfico. Pero tienen un gran inconveniente, que no son "inteligentes".

Un semáforo ideal tendría que estar informatizado y controlado al segundo desde un centro de tráfico (como ya se hace), pero al mismo tiempo tiene que ser autónomo, y tomar sus propias decisiones.

Los conductores obstaculizan el tráfico ocupando los cruces.

Los puentes de peatones sobre las autopistas son la demostración de que la planificación del territorio se hace colocando al vehículo privado en lugar preferencial. Puentes con escaleras, sin protección del clima, estrechos, con peligro de caída de objetos a la vía.

Tenemos que tener semáforos inteligentes, que tomen decisiones por si mismos. Para ello deben poseer cuatro partes fundamentales: sensores, procesador de datos, comunicación con otros semáforos y centro de control, y por supuesto las luces de señalización.

El semáforo tiene que poder recibir información del exterior. Necesita saber cuantos vehículos por minuto pasan por su vía, cuántos están esperando el cambio de luces, cuantos peatones están esperando para pasar, y cuantos pasan por unidad de tiempo. Estos detectores ya existen en la actualidad, y es bastante fácil su implantación, aunque poseen un coste elevado. En todo cruce los semáforos tienen que estar interconectados, de forma que si detectan que en un carril no hay nadie esperando, pero en el otro hay muchos vehículos, sean capaces de cambiar la frecuencia de paso para favorecer al carril con más vehículos o con más peatones. Esto sería particularmente útil en situaciones con poco o medio tráfico, como en horas nocturnas, porque ¿Cuantas veces hemos esperado durante minutos el cambio de un semáforo mientras que por el otro carril no ha pasado nadie?.

Ningún centro de control puede tener tantos recursos humanos para poder controlar manualmente estas situaciones semáforo a semáforo. Lo más que pueden ofrecer son diferentes "programas" de gestión automática de los semáforos, que son activados a determinadas horas, pero que en realidad no siempre se adaptan a la realidad del tráfico de cada momento.

Los semáforos deben tomar sus decisiones individualmente, que luego deben comunicar a los semáforos adyacentes y directamente implicados en la decisión, así como con el centro de control que automáticamente tomará las medidas oportunas que comunicará al resto de semáforos. Es más el semáforo podrá enviar a los vehículos una señal que les impida avanzar cuando esté en rojo.

¿Es esto posible de controlar? Por supuesto que sí. Pensemos en un enjambre de abejas, o en un hormiguero. Todos tienen su misión claramente definidas desde el nacimiento, pero están en contacto permanente visualmente y por feromonas (hormonas que viajan por el aire), de forma que toda la colmena está perfectamente controlada de forma autónoma, y en cualquier momento se toman decisiones que pueden afectar a parte o al conjunto de la colmena, y se ejecutan con gran efectividad. Y al mismo tiempo cada individuo conoce sus tareas y se adapta a las circunstancias individualmente.

Lo que está claro es que los semáforos no pueden estar ciegos como ahora, ni tampoco es posible un centro de control que pueda atender con seres humanos cada particularidad, por lo que la automatización es imprescindible.

Los pasos de peatones muchas veces no están regulados por semáforos. Por lo que depende de la voluntad de peatones y conductores que su uso sea seguro y ágil.

La mayor parte de los pasos de peatones están señalizados sólo horizontalmente, pintados en el suelo, pero no verticalmente por medio de señales. Por lo tanto resultan más difíciles de ver por los conductores que por los peatones, con el peligro que esto supone.

Un peatón nunca debería cruzar hasta que los vehículos estén totalmente detenidos. Y aún así, al cruzar hay que mirar entre los vehículos no sea que aparezca un ciclomotor o moto que se lo salte.

Se supone que los pasos de peatones sólo se colocan en lugares que sean seguros para los peatones, pero en realidad vemos como muchas veces los únicos pasos de peatones de una calle están colocados en lugares peligrosos. Y legalmente los peatones sólo pueden cruzar una calle por ellos.

Están situados generalmente en los cruces, por lo que si estamos a mitad de calle debemos acercarnos hasta el siguiente cruce para poder cambiar de acera "legalmente". Pero ¿Son los cruces los lugares más seguros para los peatones?. Cuando un vehículo llega a un cruce, el conductor debe fijar toda la atención en los vehículos que vienen del otro carril, buscando el momento idóneo para dar un acelerón e incorporarse en la nueva vía o continuar en la misma. Es un momento de tensión y concentración con respecto a los vehículos, y con una total incertidumbre con respecto a los peatones, porque en cualquier momento uno puede cruzarse por delante (por el lado opuesto al que uno está mirando) o por detrás, lo que resulta extremadamente peligroso. Y en la mayoría de los cruces los vehículos tienen que invadir el paso de peatones para poder ver lo suficiente, entorpeciendo con ello el paso de los peatones, que se ven obligados a bordearlos. En caso de atropello, será siempre el conductor el culpable, porque el peatón estaba ocupando el paso de peatones, pero ¿es que acaso tiene el conductor otra opción por donde pasar?

Muchas veces oímos comentarios del tipo "aquí algún día va a haber una desgracia", pero pocas veces se hace algo por solucionarlo. Y cuando se produce el accidente, otros dicen: "Yo sabía que esto iba a ocurrir". Sin embargo, la mayor parte de las veces nadie hace un escrito al ayuntamiento o a Tráfico, ni antes ni después de muchos accidentes, advirtiendo del peligro manifiesto del lugar. Quizás se trate de un punto negro en nuestras carreteras, que se llevará por delante muchas vidas antes de que alguien actúe.

Generalmente son los familiares de los muertos en estos accidentes los que dan la voz de alarma.

Quizás si se producen muchos accidentes seguidos se toman las medidas necesarias, cuando ya hemos visto perder la vida a alguien. Y mi pregunta es ¿no existe responsabilidad alguna por ese accidente?, ¿ha sido fortuito, debido al azar, o debido a la negligencia de algunos?, ¿No tenemos la obligación los ciudadanos y las administraciones de alertar inmediatamente cuando detectamos un lugar de alto riesgo?

Sin aparcamientos para los vehículos privados, habría espacio suficiente para la instalación de todos los servicios públicos necesarios.

Los vehículos

Uno de los grandes problemas del tráfico rodado es el espacio que ocupan los vehículos, que ha obligado a configurar las ciudades respecto a este volumen. Y como ya sabemos, todos los elementos de las calles han quedado relegados en beneficio de los vehículos, sobre todo las aceras, que son muchas veces tan estrechas que ni cabe una persona caminando.

El volumen que ocupan los vehículos impide o limita la instalación de otros elementos más importantes para las ciudades, como farolas, papeleras, pasos de peatones, aceras, contenedores de basura y reciclaje, bancos para el descanso, quioscos, etc. La mayor parte de estos inconvenientes se podrían resolver con la ausencia de aparcamientos en una calle, que permitiría ensanchar las aceras y ubicar todos estos elementos sin dificultad, quedando todavía espacio para el cómodo paso de las personas.

Los vehículos aparcados restan espacio para el paso de un lado a otro de las calles, y muchas veces están tan pegados unos con otros que no podemos pasar ni por los pasos de peatones. Y si podemos caminar bien quizás pasemos, pero a veces resulta realmente imposible cruzar para un cochecito de bebés, para una persona en silla de ruedas, o para un carro con compra o mercancía.

Por otro lado, el volumen de los vehículos resta visibilidad en las calles, lo que tiene muchas consecuencias negativas. Lo primero es que resta

Mientras las vías son lo suficientemente anchas para los vehículos, las aceras son estrechas, impidiéndose en numerosas ocasiones el tráfico de dos personas al mismo tiempo, teniendo que invadir una de ellas la vía por la que los vehículos pasan, con el consiguiente peligro para todos.

amplitud visual a las calles, haciéndolas algo más agobiantes.

Impiden ver bien lo que ocurre justo delante de nosotros lo que aumenta nuestra inseguridad, tanto con respecto a otras personas como con vehículos o situaciones peligrosas.

Suponen recovecos y espacios donde esconderse y pasar desapercibidos es fácil, aumentando la inseguridad ciudadana en las calles.

También tiene consecuencias económicas, puesto que resta visibilidad a los comercios que están a pie de calle. ¿De que sirve gastar tiempo y dinero en tener un escaparate decente si nadie lo puede ver? Las calles son tan estrechas que los peatones sólo los ven de lado, y en su rápido caminar sólo tienen unos pocos segundos para poder asombrarse y retener en la retina ese magnifico trabajo de escaparatismo. Pero si no hubieran vehículos las aceras serían más anchas, y cada persona podría caminar a su ritmo, sin dejarse llevar por la masa, y dispondría de algunos segundos más para ver un escaparate, no sólo por la velocidad de paso, sino porque no caminaría tan pegado a la pared y tendría mejor ángulo, y al no ir todos tan unidos hay mejor visibilidad. Además, al no estar las aceras bloqueadas visualmente por la fila de vehículos, los peatones disfrutan de una mayor panorámica que les permite ver la acera de enfrente, con sus rótulos y escaparates. Esto desde el punto de vista del marketing y la publicidad tiene gran importancia, puesto que las pequeñas empresas gastan enormes recursos anuales a nivel nacional en publicidad. Lo más difícil para una pequeña empresa es hacer clientes, y por eso apuestan por estar a pie de calle, para que personas desconocidas entren y compren. Ningún negocio puede sobrevivir si no fideliza a clientes desconocidos, porque los conocidos se acaban pronto. Estar a pie de calle supone un gran esfuerzo económico que no es fácil de soportar. Si encima no se disfruta de los beneficios de que los peatones te vean, difícilmente se puede soportar la inversión. Por todo esto las barreras visuales y espaciales que suponen los vehículos dificultan la estabilidad y crecimiento de los pequeños comercios a pie de calle.

Las obras

¡Qué bonita será la ciudad cuando la terminen! Pero todos sabemos perfectamente que siempre estaremos en obras. Y cuando por fin cierran las entrañas de una vía, al poco tiempo la vuelven a abrir por otro motivo, de forma que toda la ciudad está siempre en obras.

La circulación de vehículos se ve seriamente afectada por las obras. Continuamente se bloquean calles, se producen desvíos, se cambian sentidos, se anulan aparcamientos, se detiene el tráfico en vías transitadas, y un largo etcétera que no hace sino empeorar el ya caótico tráfico de la ciudad.

Los peatones también sufren las obras seriamente, y les afectan durante meses o años con sus ruidos, calles cortadas, aceras reducidas, maquinaria peligrosa trabajando, y tener que andar por lugares inusuales, generalmente demasiado cerca del tráfico rodado, de forma que nos debatimos entre morir en una zanja de obra o atropellado por un vehículo.

Cuando las obras bloquean toda la vía, suponen un grave problema de movilidad para vehículos y ciudadanos. No sólo porque dificultan sus desplazamientos, sino por que aumentan la probabilidad de accidentes.

Muchas de las obras que se ejecutan tienen que ver con la circulación de vehículos y de peatones. Y limitan seriamente el espacio, por lo que ambos todavía se estorban más entre ellos.

Las obras generan cambios imprevistos de trazado que aumentan seriamente la probabilidad de un accidente, tanto para vehículos como para peatones. Está ampliamente documentado que alrededor de las obras se producen más accidentes, y de mayor gravedad. Y esto se debe al efecto sorpresa de encontrarnos con algo inesperado en la carretera que nos hace tomar decisiones forzadas en poco tiempo, que por inesperadas involucran muchas veces a otros vehículos.

Estos cambios afectan más a las personas con limitaciones, ya sea por la edad o por alguna enfermedad. Si ya resulta difícil desenvolverse en nuestras ciudades a personas con sillas de ruedas, cuando hay obras se vuelve imposible.

La falta de continuidad que producen las obras afectan enormemente al tejido productivo, especialmente al transporte y al pequeño comercio, que depende del paso de peatones por sus escaparates. Aparte de las incomodidades que se generan al normal funcionamiento de los comercios, como la entrega de mercancía, el polvo que entra, la falta de accesos cómodos y seguros, el ruido, y un largo etcétera. Toda esta actividad exterior les obliga a cerrar las puertas de los establecimientos, aislándolos aún más de los posibles clientes. Calles comerciales ven cerrar sus establecimientos de toda la vida cuando las obras se prolongan demasiado. Si ya nos encontramos en un proceso de crisis y recesión, donde zonas enteras pierden su valor comercial, las obras terminan por "matar" a los establecimientos.

El verdadero problema de las obras es el tiempo que tardan en ejecutarse y las molestias que generan. Y es que muchas veces no se hacen seguidas, sino que abren las entrañas a una calle, trabajan un par de semanas, y después las dejan abiertas durante meses o años, trabajando de vez en cuando.

Además, resulta cuanto menos insultante a nuestro raciocinio el ver como la misma calle la rompen cada cierto tiempo, que si ahora la luz, que si el agua, que si la televisión por cable, que si el nuevo pavimento, que si agrandamos las aceras, que si volvemos a abrirla...... Si las vías son responsabilidad del mismo ente público, ¿Por qué no planifica correctamente y agrupa las obras para hacer lo más posible al mismo tiempo?

Durante el tiempo que se quedan abiertas las calles, son muchas las actividades productivas que deben cesar, siendo testigos de como muchos comercios se ven obligados a cerrar, cuando están pagando un alquiler de lujo por estar en un lugar que era estratégico.

Las personas que viven en esas vías sufren problemas de accesibilidad y movilidad. Contando con que en los centros de las ciudades se está produciendo un progresivo envejecimiento de la población, los inconvenientes son incluso mayores. Y es que las personas con cierta edad poseen limitaciones de movilidad que les restan ventaja para poder desplazarse en una calle en obras. Prestan menos atención al entorno, por lo que tienen mayor probabilidad de accidente. Y que decir de la población con altas limitaciones de movilidad, que tienen que desplazarse en silla de ruedas. Para ellos el tiempo que duren las obras quedan prácticamente incomunicadas.

En definitiva, las obras representan un enorme obstáculo a la movilidad en la ciudad, tanto para vehículos como peatones, generando enormes problemas de tráfico, aumento la inseguridad de las calles, y limitando seriamente el desarrollo económico.

Sólo realizando una adecuada planificación de las mismas, junto con la limitación del tráfico rodado, podremos disfrutar de nuestras calles en una verdadera ciudad comunicada.

Los quioscos

Son una de las actividades comerciales que más dependen de los peatones, puesto que venden productos de bajo precio y necesitan muchos clientes diarios para que sean negocios rentables.

Los quioscos le dan vida a la ciudad, y suponen un elemento concentrador de personas, que disfrutan de su tiempo de ocio.

Es por esto que los encontramos en lugares de continuo paso de viandantes, como ramblas, plazas y esquinas de grandes calles.

Son elementos grandes que se encajan con dificultad en aceras, porque estas son estrechas. Su ubicación debe ser bien estudiada para que no entorpezca el paso diario de los viandantes.

Son elementos importantes en las ciudades, porque invitan al disfrute de la calle. Además deben ser apoyados con una infraestructura cómoda alrededor, como zonas de acera anchas, bancos para sentarse, algún columpio infantil, árboles, sombra en general. De esta forma convertimos un área que no tenía nada en una verdadera zona de descanso y esparcimiento, que sirve para atraer a la población al disfrute de la calle.

Para dar una imagen unificada a las ciudades, los ayuntamientos han ido obligando a los propietarios de los quioscos a instalar una determinada infraestructura, que es igual para toda la ciudad. Habría que replantearse los modelos que se utilizan actualmente y ser más flexibles en cuanto su diseño, para que se ajuste a las necesidades y espacio disponible en cada lugar. Lo que debe tenerse en cuenta son las particularidades de cada lugar, y crear alrededor de ellos un espacio lúdico, ya que están en la calle y ayudan a que la población disfrute de la vida al aire libre.

Las marquesinas

La mayor parte de las paradas de autobús que existen en las ciudades no disponen de ningún mobiliario para los usuarios del servicio. Sólo una simple señal indicando que ahí existe una parada. Sin banco, ni papelera, ni marquesina, ni mapa con las rutas. A veces ni siquiera existe una señal, porque son tan pocos los usuarios que todos saben donde es.

La falta de espacio en las calles tampoco deja colocarlas donde deberían estar. La ubicación de las marquesinas (y por lo tanto de las paradas) queda limitada por la configuración de las calles, en las cuales siempre ha primado el vehículo frente al peatón. Es por esto que no existe espacio físico donde colocar una parada con todos sus elementos, por lo que tenemos que elegir, o colocamos la parada en la ubicación que queremos sin elementos adicionales, o buscamos un lugar próximo donde colocarla completa aunque no sea el lugar idóneo. De esta forma se va configurando la red de paradas que nada tiene que ver con la planificación ideal para cada ciudad.

Las marquesinas son vitales para una planificación de ciudad comunicada, en la que el tráfico de autobuses tenga prioridad absoluta. Su tamaño podría ser mucho mayor, y servir de

Las paradas de autobús son generalmente sólo una señal, sin sombra, ni asientos, ni papelera, ni información sobre las líneas. Estar esperando el autobús en ellas resulta incómodo en todos los sentidos.

El tráfico privado entorpece a los autobuses en el uso de las paradas, lo que obliga a no poderlas utilizar adecuadamente.

verdadera área de descanso e información. El espacio interior debe ser suficiente para albergar al número máximo de personas que normalmente se concentran.

Las marquesinas no son sólo para proteger al viajero del sol o la lluvia, sino que deben ser soporte para múltiples funciones.

Como áreas de descanso, pueden contar, dependiendo del espacio y la utilización, con asientos cómodos, papeleras, espacio suficiente para poner maletas, atril plegable, entre otros.

Cómo áreas de información, deben tener como mínimo un mapa de la zona con las rutas y horarios de los autobuses, así como una pantalla que indique los próximos autobuses y el tiempo que falta para que lleguen. Pueden tener un pulsador de alarma y si está en una zona que así lo requiera puede tener conectado a ese pulsador una cámara y acceso directo con la policía. Así mismo podrían disponer de pantalla plana táctil con la cual acceder a información general e información específica de transportes.

Los apartaderos para las paradas de autobús

Toda parada de autobús lleva asociada un espacio en la vía en la que se tiene que detener el vehículo para recoger o dejar pasajeros. En principio esta obstrucción de la vía pública es momentánea, durando sólo pocos minutos. Pero debido a que el tráfico debe ser fluido, hay que colocar las paradas en lugares donde el autobús se pueda parar sin entorpecerlo.

Así, los apartaderos roban espacio a las aceras, y unido a las marquesinas, reducen el espacio de paso de transeúntes al mínimo.

Muchas veces el apartadero es utilizado como aparcamiento temporal por otros vehículos, porque los autobuses tienen poca frecuencia y se consideran espacios infrautilizados. Esto hace que cuando llega el transporte no pueda apartarse, y tenga que detenerse en medio de la

Mientras al tráfico privado se le reserva el espacio, los autobuses tienen dificultades de movilidad (hasta tener subirse en las aceras) y los ciudadanos que usan los transportes públicos no disfrutan muchas veces de las infraestructuras adecuadas, y corren riesgo de atropello.

Los apartaderos de las paradas de autobuses son utilizados como aparcamientos temporales, dificultando así el transporte publico, y cuando el autobús se detiene, obstaculiza al transporte privado, agravando así los atascos.

calle, obstaculizando el tráfico, y perjudicando a toda la vía.

También los apartaderos son los únicos refugios que poseen los autobuses para detenerse en caso de averías u otros problemas.

Además estos espacios sólo pueden ser utilizados por un mismo vehículo de forma temporal, puesto que detrás vendrá otro autobús de otra línea que también para ahí. Esto hace que de forma frecuente se acumulen varios autobuses, llegando a bloquear varias veces al día la vía.

Estos apartaderos a veces se ocupan con una plataforma de cemento que permite a los usuarios con limitaciones físicas (mayores, sillas de ruedas, etc.) acceder sin problemas a los autobuses, pero así se favorece que el autobús bloquee el tráfico.

Para evitar estos problemas en algunas ciudades se opta por agrupar paradas en zonas de tráfico sólo permitido a autobuses, generalmente en los laterales de plazas. Esto facilita además la permanencia de los autobuses en espera, algo que no se puede hacer en una parada normal.

La poca frecuencia del paso de autobuses convierte estos espacios en desaprovechados, cuando en realidad son muy importantes para la configuración de una ciudad comunicada. Y concentrar demasiadas paradas juntas limita demasiado el acceso ubicuo al transporte público.

Estos espacios deberían tener un sistema que permita ser utilizado sólo por los autobuses, cuando en la misma vía circulen otros vehículos. Y tener accesos que no puedan ser entorpecidos por las colas del tráfico privado, como ocurre actualmente en las autopistas, donde las paradas están generalmente situadas en los carriles de desaceleración, debiendo los autobuses hacer las colas de estas salidas, con la pérdida de efectividad, tiempo, dinero y aumento de la contaminación que esto supone.

Las papeleras

Elemento imprescindible del paisaje urbano, representan una de las señales de progreso y civismo de las ciudades. Más que un mobiliario, lo podemos considerar un servicio que ofrece la ciudad a sus habitantes. Su función es la de servir de depósito temporal de las basuras que un ciudadano genera mientras utiliza la vía, y deben tener varias características para asegurar su éxito: estar en zonas de paso, ser visibles, fácilmente utilizables con una sola mano, de material resistente, de no mucha capacidad, y con un buen mantenimiento y limpieza.

Es usual verlas de material plástico sujetas a elementos ya existentes en la vía, como farolas o pegadas a la pared, aunque en las nuevas zonas peatones se está tendiendo a colocarlas de metal y con su propio pie.

Es indudable la utilidad de las papeleras como elemento de mantenimiento de la limpieza de las calles, y sirven para concienciar a la población de lo importante que es una conducta cívica correcta.

Las salidas de las autopistas se colapsan a diario y con facilidad, lo que genera largas e innecesarias esperas, que además afectan al transporte público de viajeros y de mercancías.

Las farolas deben integrarse en las fachadas para que no ocupen espacio en las aceras, y las papeleras se deben colocar cerca de puntos de paso o de reunión, como bancos o paradas.

Para que las papeleras funcionen deben situarse en zonas de paso y tener un mantenimiento adecuado, para que siempre estén operativas. Para que funcionen, hay que tener en cuenta que el ciudadano medio es vago, y evitará cualquier cambio en su trayectoria para depositar basura en una papelera.

El mantenimiento debe ser diario, porque por la ley del mínimo esfuerzo, si podemos tirar una bolsa de basura en una papelera cercana para no caminar hasta el contenedor, lo haremos como hábito. Y si nos encontramos con la papelera llena, lo más probable es que lo que íbamos a tirar termine en el suelo, eso sí, con disimulo.

En una ciudad comunicada, en la que se potencian los transportes públicos y caminar, las papeleras deben estar en los lugares de concentración provisional de personas, tal y como se hace actualmente, y buscando lugares que no

Las papeleras pueden ser algo más que un depósito de basura, puesto que juegan un papel estético importante.

perjudiquen al paso. Deberían estar integrados en el mobiliario urbano, y con papeleras separadas que permitan el reciclaje. Principalmente los residuos son papeles y envases. Pueden tener un sistema de aviso de llenado y de incendio, que permita su mantenimiento rápido.

Con respecto a la limitación del espacio, al ser las calles más anchas, y haber más espacio para caminar, se pueden colocar sin problemas en los lugares de mayor concentración de personas, e integrarlas en los nuevos elementos de la ciudad comunicada.

Los bancos

Aunque se fomente la comunicación a pie, hay que considerar espacios donde descansar. Estos lugares deben ser abiertos, cómodos, y seguros. Hay que fomentar la vida en la calle, para que sea un lugar natural de comunicación diaria, y también hay que asegurar que los peatones tengan lugares donde descansar. Estos dos objetivos se logran con bancos.

Los bancos no tienen porque estar recluidos en parques y jardines. Cualquier acera lo suficientemente ancha puede albergar varios. Tanto mirando hacia un escaparate como hacia el centro de la calle. Y deben estar apoyados por otros elementos, como papeleras, o pequeñas marquesinas que protejan del sol.

Deben estar hechos de materiales calientes para apoyarse, como la madera, y resistentes para su sujeción, como el metal. Su estética debe ir acorde a la de la vía. Da la sensación que uno viaja por España y en todos lados utilizan los mismos elementos, como si alguien hubiera hecho un gran negocio vendiendo a todos los ayuntamientos el mismo mobiliario. Y obviamente debemos elegir para cada ciudad el que sea más acorde con ella.

Los bancos deben de ofrecer como mínimo tres puestos, aunque son más adecuados si ofrecen más, puesto que permiten ser compartidos. Si son estrechos nadie se sentará al lado de un desconocido, y si son anchos permitirá que personas diferentes puedan compartir el mismo espacio.

Actualmente los bancos se han sacado de las plazas y los parques y se han colocado en aceras concurridas, lo cual facilita el descanso de los ciudadanos, y les aporta a las vías un valor añadido. Así todo, hay que ser cuidadoso con su ubicación, para que no sean una molestia al tránsito de personas.

Cabinas de teléfono

Durante muchos años han significado un elemento de progreso en nuestras calles. Las cabinas telefónicas eran imprescindibles para mantener a los ciudadanos comunicados. Se instalaban estratégicamente, tratando de abarcar a la mayor parte de la población.

La aparición de los móviles ha supuesto una revolución en las comunicaciones personales y profesionales, y las cabinas de teléfono perdieron importancia, hasta casi haberse convertido en un producto residual, aunque siguen siendo un elemento importante del paisaje urbano. Ya no sólo ofrecen como servicio las llamadas, ahora se pueden enviar faxes e emails. Y se puede pagar no solo con dinero, sino también con tarjetas.

Las cabinas de teléfono han supuesto también un importante obstáculo en nuestras aceras, puesto que durante muchos años estaban de forma independiente y con habitáculos de grandes dimensiones. Después han aparecido cabinas más simples, sin habitáculo, y en grupos con varios teléfonos.

Resulta evidente el descenso de unidades en nuestras ciudades, pero las cabinas son un elemento a tener en cuenta en la planificación del espacio de nuestras calles.

La proliferación de los locutorios nos tiene que hacer reflexionar sobre la importancia de las cabinas, y como es precisa su adaptación para que ofrezcan la misma seguridad, precios y servicios que los teléfonos de estos establecimientos.

Si bien la presencia de cabinas de teléfono ha disminuido por la proliferación de los teléfonos móviles, siguen siendo un elemento a tener en cuenta en la planificación de la ciudad. Y a medida que existan menos locutorios públicos, la utilización de las cabinas en las calles volverá a aumentar.

Los contenedores de basura

La necesidad de deshacernos de nuestros residuos es diaria. Con datos del 2006, cada español generaba de media 500 Kg. de basura al año, unos 1,38 Kg. al día. Y este valor va en aumento, y más si consideramos que desde 1996 al 2003 la producción aumentó un 40%. Con datos del 2007 y 2008, las cifras han todavía peores. Sólo la llegada de la crisis del 2008 ha variado esta tendencia, debida sin duda a la disminución del consumo. Uno de los índices para medir la riqueza de una nación es la cantidad de residuos generados por habitante y día, puesto que se supone que cuánto más rico es un país más consumen sus habitantes, y más desechos se generan.

Necesitamos disponer de contenedores cerca de nuestra vivienda, así como de un sistema diario de recogida que asegure que no se acumulen las basuras. La llegada del reciclaje ha supuesto la incorporación de nuevos contenedores que quitan todavía más espacio. También los están colocando bajo tierra en las zonas más turísticas, con lo que se evita la pésima imagen que ofrecen y los malos olores continuos. Y es de esperar que esta tendencia de enterrar y colocar más contenedores de reciclaje aumente todavía más, con la mayor concienciación de la sociedad sobre la

No existe el necesario espacio para colocar los contenedores de basura porque los vehículos privados ocupan todo el espacio. Para evitar su desplazamiento se protegen con vallas, muros, o se colocan bajo tierra para que puedan ser utilizados con comodidad.

importancia del reciclaje, y las medidas locales que están tomando los ayuntamientos.

En cualquier calle de nuestras ciudades nos podemos encontrar con varios contenedores grandes, generalmente grises para la basura orgánica, azules para el papel, amarillos para los envases, y verdes para el vidrio. En total 4 contenedores diferentes. Cada tipo de contenedor tiene su horario de recogida y de limpieza. Si no hubiera tráfico, seria mucho menos problemático, porque todas las operaciones suponen molestias para los vecinos y para la comunicación en la calle. Además la ocupación del espacio por los contenedores supone a veces un gran impedimento para los viandantes, aparte de los restos de basura que ocupan espacio y suponen un problema de salud publica. Sin vehículos aparcados, las aceras serian mas anchas y los contenedores no entorpecerían. En la actualidad si queremos pasar por una calle con contenedores, muchas veces no nos queda mas remedio que pegarnos a ellos, o rodearlos exponiéndonos al tráfico. Y que decir si uno va en silla de ruedas, con cochitos de bebe o carros de la compra.

En las zonas más turísticas o más céntricas se están poniendo bajo tierra los contenedores, dentro de unas infraestructuras que deben levantarse para sacarlos y vaciarlos. Desde el punto de vista estético la mejora es considerable, porque no se ve la basura ni los contenedores, sólo unos tubos que sobresalen del suelo. Ocupan menos espacio visual y físico, permitiendo que los peatones pasen muy cerca sin apenas ser concientes que ahí está la basura. Como contrapartida son infraestructuras bastante caras, y añaden más ruido al vaciado y limpieza de los contenedores.

La presencia del tráfico privado supone un gran impedimento para el servicio de recogida de basuras, contra el que tiene que luchar diariamente, ya sea con los atascos, vehículos en movimiento, o con los vehículos bien y mal aparcados.

El servicio de recogida de basura se suele realizar en horas nocturnas de poco tráfico, llenando la noche de ruido y olores. Este es otro ejemplo de cómo la elección consciente por el tráfico privado desplaza a otras actividades de la ciudad y menoscaba nuestra calidad de vida.

En las zonas centro de algunas ciudades se está procediendo al soterramiento (enterramiento) de los contenedores. Aunque cara, es una medida positiva puesto que disminuyen los olores y la nefasta visión de los contenedores llenos de basura.

El enterramiento de los contenedores de basura supone una mejora visual, pero también son obras caras e inmóviles. En condiciones atmosféricas adversas, es favorable este enterramiento de los residuos urbanos.

La recogida de los residuos urbanos es más compleja y costosa por la recogida selectiva. Más contenedores que ocupan más sitio, con más camiones diariamente en nuestras calles.

La falta de espacio por los vehículos hace que no se coloquen suficientes contenedores de basura, llenándose rápidamente y permaneciendo muchas horas con basura a la vista.

Las farolas

Elemento imprescindible de las calles de nuestras ciudades, ofrecen seguridad y alargan el horario de la permanencia de la población en las calles. A medida que las vías se fueron iluminando se ganó en seguridad, y se extendió el horario de las actividades.

Incluso mucho antes de la electricidad ya iluminaban nuestras calles, gracias al gas ciudad, o a simples lámparas con diferentes combustibles colgadas por fuera de las viviendas.

En la actualidad no se concibe una ciudad sin iluminación nocturna. Pero la infraestructura necesaria para tenerla supone obras y ocupación de espacio. Y además un servicio de mantenimiento. Son, como todos los elementos del mobiliario urbano, objeto del vandalismo, y sufren roturas por accidentes de vehículos.

Teniendo en cuenta que lo más importante es ganar espacio para los viandantes, la iluminación de las vías debería no depender de farolas en el suelo, sino buscar apoyos laterales en las paredes de los edificios.

Y aunque la iluminación de las calles es vital por seguridad tanto en la conducción como para los viandantes, hay que desarrollar estrategias que permitan minimizar el consumo eléctrico al mínimo, y reducir las emisiones de luz superfluas a la atmósfera, que tanto daño medioambiental produce a aves y otros seres vivos, además de perjudicar la observación astronómica.

Todos los lugares de espera de medios de transporte, o de paso de viandantes deberán estar perfectamente iluminados, pues la oscuridad aumenta la sensación de inseguridad, lo que limita el movimiento de las personas.

Los árboles y parterres de flores

Uno de los grandes defectos de la configuración de las calles actuales es que se pretende contentar todas las necesidades ciudadanas, entre ellas la existencia de zonas verdes.

Las ciudades son la antítesis de la naturaleza. Su existencia supone la eliminación física del espacio natural que ocupan, su total transformación. Sin embargo, no se produce una total eliminación. Los seres humanos necesitan el contacto físico y visual con la naturaleza. Por eso se mantienen espacios verdes dentro de las zonas urbanas, y se trata que las calles tengan árboles que no sólo dan sombra, sino que también mejoran la estética.

Pero para poder disfrutar de la naturaleza en las ciudades hay que buscar espacio suficiente.

Los parterres de flores o césped ocupan buena parte de nuestras aceras, y son positivos desde el punto de vista paisajístico y porque generalmente impiden que los vehículos ocupen las aceras, aunque ellos mismos son los que limitan el espacio para los ciudadanos.

En la actualidad las zonas verdes están totalmente rodeadas por la ciudad, y se consideran verdaderos "pulmones". Además de los parques y jardines, las principales avenidas suelen disfrutar de árboles frondosos.

Sin embargo, esta necesidad de colocar arboles en las calles limita el espacio para los viandantes. Y hasta en las calles más estrechas nos encontramos que las aceras son prácticamente intransitables debido a los parterres con árboles.

Estos parterres son un elemento peligroso para personas de avanzada edad, y son utilizados frecuentemente como papeleras. También los perros y algunas personas los utilizan para sus deposiciones, convirtiéndolos en unos elementos no salubres que están colocados a lo largo de las aceras.

Para evitar algunos de estos problemas se han cubierto con rejillas metálicas. En la actualidad se están cubriendo con material que no permite el acceso a la tierra. Y se ha sustituido el riego con manguera por el riego por goteo.

La utilización del agua para mantener la vegetación plantea numerosos problemas organizativos, y también a veces un derroche innecesario.

Las jardineras y parterres son un elemento imprescindible en las ciudades, porque nos permiten mejorar el paisaje urbano. Una ciudad gana mucho si disfruta de vegetación. Pero hay que ser consciente de los problemas que genera: limitación del espacio para los viandantes, gasto continuo de agua y productos fitosanitarios, suciedad sobre vehículos e infraestructuras, problemas de seguridad (zonas poco visibles y posibilidad de trepar), etc.

Entradas de metro

El metro es una realidad en muchas ciudades. Es la consecuencia de haber elegido que son más importantes los vehículos que las personas. Tiene ventajas innegables, sobre todo en lugares con crudos inviernos, pero supone poner bajo tierra a las personas. Escaleras y pasillos interminables hacen que no sea apto para toda la población, discriminando a las personas con falta de movilidad temporal o permanente. El metro no es una solución que sirva para todas las ciudades, y hay que estudiar caso a caso detenidamente antes de su implantación.

En la superficie necesita infraestructuras, para ventilación y servicios de las instalaciones, y por supuesto, accesos para la población, bocas de metro.

Estas entradas ocupan bastante espacio, pues es necesario que sean anchas para permitir el trasiego continuo y multitudinario de personas. También necesitan unas escaleras amplias y no excesivamente pronunciadas. Suponen un espacio escondido que suele ser aprovechado cuando el metro está cerrado incluso para dormir.

Las bocas de metro implican la utilización de un amplio espacio, y también sus accesos deben estar despejados. A menudo tienen quioscos u otros servicios cerca, puesto que son una zona de paso obligado para muchas personas.

En principio podría parecer que el metro es una solución razonable a la movilidad de los ciudadanos, pero para que esto fuera sí, tendría que ser totalmente accesible para todos los ciudadanos, incluyendo a los de movilidad reducida, a los que van en sillas de ruedas, llevan cochitos de bebé o arrastran el carro de la compra. También debería ser totalmente accesible para cualquier otra persona con limitaciones, como los ciegos.

Si prescindiéramos del tráfico privado en las ciudades, podríamos crear una adecuada red de transporte en la superficie, quedando el metro como una solución cara, incomoda y obsoleta.

Y aquí es donde pueden jugar un adecuado papel las plataformas automáticas, los autobuses, los carriles bici, y el tranvía. Siendo este último la solución más cara y la que más espacio ocupa. Si bien se ha puesto de moda de nuevo en muchas ciudades, no es aconsejable en todas ellas, puesto que no es la solución definitiva, tiene que ir siempre complementada con otras formas de transporte, limita enormemente el espacio, y es altamente contaminante por su alto consumo de electricidad. Además, al tener que cruzarse con el tráfico privado, se producen numerosos accidentes.

Mientras exista el tráfico privado, los demás medios de transporte públicos se verán limitados, y existirá el riesgo diario de accidente.

Los bares y restaurantes

Cuando la primavera avanza en los países del norte europeo es impresionante disfrutar el cambio que se produce en las calles. Lo que hasta ese momento eran oscuras vías casi sin vida en la que los transeúntes apenas se detenían, se convierten en zonas peatonales llenas de público que disfruta de todas las terrazas que montan los bares y restaurantes. No hay ciudad europea que se precie que no tenga una o varias zonas peatonales famosas donde disfrutar de la calle sentado en estas terrazas. En países más cálidos se mantienen durante todo el año, aportando un valor añadido a las zonas peatonales.

El problema se plantea cuando estas prolongaciones de los negocios hacia la calle se establecen sin tener en cuenta el flujo de personas, ni las zonas donde se ubican, ni el horario que tienen. Cuando "se deja hacer" los inconvenientes se multiplican, convirtiéndose estos elementos en una verdadera molestia para la circulación de personas y vehículos, para los servicios a la comunidad, para los vecinos, y muchas veces también para los turistas.

En calles "comunicadas", donde no existe espacio reservado para vehículos privados, se puede planificar mejor la ubicación de estas zonas de restauración.

En la actualidad encontramos muchas terrazas entorpeciendo las calles, o junto a tráfico rodado intenso y peligroso, o demasiado cerca de contenedores de basura. Generalmente activan la vida nocturna, lo que a veces se convierte en un problema para los vecinos, que ven como su calidad de vida disminuye.

Cuánto más éxito tenga una zona más problemas de tráfico se generarán, tanto por los servicios que requieren como por la afluencia de vehículos privados.

Una ciudad comunicada tiene que tener la flexibilidad en la gestión del transporte público para que estas zonas estén bien comunicadas, incluso en horarios nocturnos o de alta afluencia a mediodía.

Los vendedores ambulantes, la prostitución y otras actividades en la calle

Desde el establecimiento de las ciudades se crearon mercados donde se intercambian productos de primera necesidad. En la actualidad estos mercados siguen existiendo, y también rastros (generalmente los domingos) donde se produce la compraventa de objetos de todo tipo.

Generalmente estas actividades se encuentran acotadas en un área determinada y en un horario preestablecido, de forma que es predecible la afluencia de personas y los inconvenientes que esto produce.

De este modo, aparte de los mercados tradicionales abiertos a diario, los fines de semana se celebran mercadillos para los cuales se cortan varias calles que se convierten en peatonales. Estas actividades son muy importantes desde el punto de vista comercial y un atractivo turístico más, pero también genera muchos inconvenientes para los ciudadanos que viven en ese lugar. Ven como sus calles son ocupadas y no pueden utilizar sus vehículos, y precisamente en domingo es cuando menos pueden descansar. Pero si este rastrillo estaba antes de que se mudaran a ese lugar, poca razón de queja tendrán, salvo solicitar que se realice de la forma más organizada posible.

Alrededor de estas zonas se producen atascos y aglomeración de personas, por lo que es necesaria una adecuada planificación para evitar todos estos inconvenientes.

Por otro lado, existen en todas las ciudades muchas personas que se ganan la vida a diario como vendedores ambulantes, colocándose con sus productos en zonas de mucho tránsito, como estaciones de metro o tren, calles peatonales, o en eventos de mucha afluencia. Hacen muchas veces una competencia desleal a los comerciantes que poseen locales en la zona, y trabajan frecuentemente con productos no legales, por lo que en la mayoría de las ciudades están prohibidos o fuertemente regulados. Sin embargo su control resulta muy difícil para las Fuerzas y Cuerpos de Seguridad del Estado, puesto que son muy numerosos y rápidamente desmantelan sus puestos improvisados.

Es imposible eliminar esta actividad, por lo que es mejor incluirla en la planificación, escogiendo los lugares donde ubicarlos, de forma que no supongan un impedimento para la circulación de personas, Es preciso regularizar esta actividad para ofrecerle un marco legal.

Lo mismo ocurre con esas personas que se dedican a amenizarnos con sus disfraces, su música, o su mímica. Hay que permitirles que realicen su actividad de forma regulada y planificada, para que no supongan un elemento más de entorpecimiento del tráfico de las personas, ni otra actividad ilegal en nuestras calles.

Por último me parece imprescindible hablar de la prostitución y su importancia en la planificación viaria. Parto de la base que considero que esta actividad laboral debería estar plenamente legalizada y regulada.

Los problemas que se generan en las calles donde está presente son numerosos, problemas que serían mínimos si estuviera legalizada. Actualmente está perseguida y tolerada al mismo tiempo, en un verdadero acto de hipocresía social. Los problemas van desde atascos y atropellos, delincuencia organizada, hasta protestas contundentes de los vecinos hartos de tanta "actividad" en sus calles.

No es adecuado que se realice en las calles, ya sean de uso residencial o industrial. Lo primero que habría que hacer sería legalizar a las prostitutas y prostitutos como trabajadores, con todos sus derechos y obligaciones. A continuación se podría planificar la actividad, fomentando que se realice en viviendas o edificios específicos, eliminando la prostitución de las calles residenciales e industriales. Si quedara actividad viaria, se acondicionarían zonas para ello, con servicios adecuados, y fuera de zonas urbanas.

Con todo esto se evitarían muchos de los problemas que actualmente se generan, desligándola de algunas actividades delictivas, como la trata de seres humanos, el proselitismo, las drogas, los robos, delincuencia organizada, etc.

8. Organismos reguladores

Una vez que hemos analizado la realidad del tráfico, es cuando realmente somos conscientes de los problemas que genera, y sobre todo, de la dificultad de una solución sencilla y eficaz.

Son muchas las empresas privadas y ONG´S que participan activamente en la problemática del tráfico, y gracias a ellas se han logrado importantes avances en la regulación de la circulación, en el aumento de la seguridad en las carreteras, en la ayuda a los afectados por los accidentes, en el aumento de la conciencia ciudadana. Muchas trabajan junto a las administraciones públicas en proyectos conjuntos de colaboración, los cuales han dado importantes frutos.

En cada estado existe un organismo encargado de todos los aspectos relativos a la circulación de vehículos. Estos organismos tratan de organizar de forma lo más lógica posible el tráfico, dando por hecho la realidad incuestionable

Tanto el tráfico de personas, de forma privada y colectiva, como el tráfico de mercancías, se encuentran rigurosamente regulados por la legislación a niveles comunitario, estatal, autonómico y local.

de la existencia del tráfico rodado como solución a la movilidad de personas y mercancías.

Esta vigilancia del caos circulatorio, establecimiento de la formación de los conductores, la regulación y control del tráfico, el estudio estadístico de accidentes, la propuesta de medidas correctoras, el ejercicio de la autoridad sancionadora, etc., están en manos de funcionarios que trabajan para el gobierno central, dentro de este organismo, que generalmente está centralizado en la capital. Las entidades locales (ayuntamientos) también ejercen numerosas funciones muy importantes para la gestión del tráfico.

En España contamos como organismo central a la Dirección General de Tráfico, la conocida DGT. Su labor es muy importante, y podemos presumir de un reconocimiento internacional por su eficacia (Capacidad de lograr el efecto que se desea o se espera) y eficiencia (Capacidad de disponer de alguien o de algo para conseguir un efecto determinado). Realmente no somos conscientes del enorme esfuerzo que realiza la administración a través de este organismo para tratar de regular el caos que supone el tráfico diario.

Les recomiendo la visita a la página Web de la DGT (www.dgt.es), porque podemos hacernos una idea bastante acertada de la realidad del tráfico en nuestro país. Se divide básicamente en Información del tráfico, Trámites, Información sobre cursos y normativa, Aula abierta con cuestionarios, y numerosas estadísticas.

A continuación les detallo la información más relevante sobre este organismo, información pública a la que cualquier ciudadano puede acceder, y que es sin duda importante para conocer como se regula el tráfico en España.

Régimen competencial de la DGT

El Real Decreto Legislativo 339/1990, de 2 de marzo, por el que se aprueba el texto articulado de la Ley sobre Tráfico, Circulación de Vehículos a Motor y Seguridad Vial dedica su artículo 5 a las competencias atribuidas al Ministerio del Interior (cuyo ejercicio -según su artículo 6- se realiza a través del Organismo Autónomo Jefatura Central de Tráfico), sin perjuicio de las que tengan asumidas las Comunidades Autónomas en sus propios Estatutos, distinguiendo las de:

a) Expedir y revisar los permisos y licencias para conducir vehículos a motor y ciclomotores con los requisitos sobre conocimientos, aptitudes técnicas y condiciones psicofísicas y periodicidad que se determinen reglamentariamente, así como la anulación, intervención, revocación y, en su caso, suspensión de los mismos.

b) Canjear, de acuerdo con las normas reglamentarias aplicables, los permisos para conducir expedidos en el ámbito militar y policial por los correspondientes en el ámbito civil, así como los permisos expedidos en el extranjero cuando así lo prevea la legislación vigente.

c) Conceder las autorizaciones de apertura y funcionamiento de centros de formación de conductores, así como los certificados de aptitud y autorizaciones que permitan acceder a la actualización profesional en materia de enseñanza de la conducción y acreditar la destinada al reconocimiento de aptitudes psicofísicas de los conductores, con los requisitos y condiciones que reglamentariamente se determinen.

d) La matriculación y expedición de los permisos y licencias de circulación de los vehículos a motor, remolques, semirremolques y ciclomotores, así como la anulación, intervención o revocación de dichos permisos o licencias, con los requisitos y condiciones que reglamentariamente se establezcan.

e) Expedir las autorizaciones o permisos temporales y provisionales para la circulación de vehículos hasta su matriculación.

f) El establecimiento de normas especiales que posibiliten la circulación de vehículos históricos y fomenten la conservación y restauración de los que integran el patrimonio histórico cultural.

g) La retirada de los vehículos de la vía fuera de poblado y la baja temporal o definitiva de la circulación de los mismos.

h) Los registros de vehículos, de conductores e infractores, de profesionales de la enseñanza de la conducción, de centros de formación de conductores, de los centros de reconocimiento para conductores de vehículos a motor y de manipulación de placas de matrícula, en la forma que reglamentariamente se determine.

i) La vigilancia y disciplina del tráfico en toda clase de vías interurbanas y en travesías cuando no exista Policía local, así como la denuncia y sanción de las infracciones a las normas de circulación y de seguridad en dichas vías.

j) La denuncia y sanción de las infracciones por incumplimiento de la obligación de someterse a la inspección técnica de vehículos, así como a las prescripciones derivadas de la misma.

k) La regulación del tráfico en vías interurbanas y en travesías, previendo para estas últimas fórmulas de cooperación o delegación con las Entidades Locales.

l) Establecer las directrices básicas y esenciales para la formación y actuación de los Agentes de la Autoridad en materia de tráfico y circulación de vehículos a motor, sin perjuicio de las atribuciones de las Corporaciones Locales, con cuyos órganos se instrumentará, de común acuerdo, la colaboración necesaria.

m) La autorización de pruebas deportivas que hayan de celebrarse utilizando en todo el recorrido o parte del mismo carreteras estatales, previo informe de las Administraciones titulares de las vías estatales, previo informe de las Administraciones titulares de las vías públicas afectadas, e informar, con carácter vinculante, las que se vayan a conceder por otros órganos autonómicos o municipales, cuando hayan de circular por vías públicas o de uso público en que la Administración Central tiene atribuida la vigilancia y regulación del tráfico.

n) Cerrar a la circulación con carácter excepcional, carreteras o tramos de ellas, por razones de seguridad o fluidez del tráfico, en la forma que reglamentariamente se determine.

ñ) La coordinación de la estadística y la investigación de accidentes de tráfico, así como las estadísticas de inspección de vehículos, en colaboración con otros Organismos oficiales y privados, de acuerdo con lo que reglamentariamente se determine.

o) La realización de las pruebas, reglamentariamente establecidas, para determinar el grado de intoxicación alcohólica, o por estupefacientes, psicotrópicos o estimulantes, de los conductores que circulen por las vías públicas en las que tiene atribuida la vigilancia y el control de la seguridad de la circulación vial.

El Real Decreto 1599/2004, de 2 de julio (BOE 3 de julio), desarrolla la estructura orgánica básica del Ministerio del Interior, en la línea iniciada por el Real Decreto 553/2004, de 17 de abril, por el que se reestructuran los departamentos ministeriales.

Según el artículo 6.b) del citado Real Decreto 1599/2004, la Dirección General de Tráfico depende de la Subsecretaría de Interior. En el artículo 10 se establece:

"1. A la Dirección General de Tráfico, a través de la cual el Ministerio del Interior ejerce sus competencias sobre el organismo autónomo Jefatura Central de Tráfico, le corresponden las siguientes funciones:

a) La elaboración de planes y programas sobre seguridad vial, el ejercicio de la secretaría de la Comisión Interministerial de Seguridad Vial, la participación en organismos internacionales en materia de seguridad vial, así como la tramitación de los expedientes para la concesión de la Medalla al Mérito de la Seguridad Vial.

b) El impulso de las políticas de seguridad vial basadas en la consulta y participación a través del Consejo superior de tráfico y seguridad de la circulación vial, la investigación de todos los aspectos de la seguridad vial y el análisis de los datos y las estadísticas relacionadas con esta.

c) La elaboración y seguimiento del plan de actuaciones y del anteproyecto de presupuestos de ingresos y gastos del organismo autónomo Jefatura Central de Tráfico, así como la coordinación de la elaboración y distribución del plan de publicaciones.

d) La dirección y coordinación de la labor inspectora del organismo, sin perjuicio de las funciones de inspección atribuidas a otros órganos de la Administración General del Estado.

e) La gestión económico-financiera de los ingresos y los gastos del organismo y su contabilización, así como la tramitación de las solicitudes de indemnización por daños. La tramitación de los expedientes de adquisición de bienes y de prestación de servicios, con arreglo a la normativa vigente, así como el seguimiento y control de los contratos que se celebren al amparo de esta.

f) La gestión, conservación y custodia del patrimonio del organismo y su control mediante inventario, así como la elaboración del proyecto, dirección y ejecución de las obras de construcción y reforma de los bienes inmuebles propiedad del citado organismo o adscritos o cedidos para su uso.

g) El estudio y propuesta de adecuación y dimensionamiento de las relaciones de puestos de trabajo del organismo, tanto de personal funcionario como laboral, su provisión y, en general, la gestión del personal, sus retribuciones, la acción social, la formación y la prevención de riesgos laborales.

h) La gestión y control del tráfico interurbano, sin perjuicio de la ejecución de las competencias transferidas a determinadas comunidades autónomas, así como la planificación, dirección y coordinación de las instalaciones y tecnologías para el control, regulación, vigilancia y disciplina del tráfico y mejora de la seguridad vial en las vías donde la Dirección General de Tráfico ejerce las citadas competencias.

i) La información a los usuarios de las vías interurbanas sobre las incidencias de la circulación, procurándoles ayuda, así como la elaboración de instrucciones relativas a la circulación de transportes especiales, de vehículos que transporten mercancías peligrosas y de pruebas deportivas en carretera.

j) La resolución sobre la instalación de videocámaras y dispositivos análogos para el control, regulación, vigilancia y disciplina del tráfico, en el ámbito de la Administración General del Estado.

k) El establecimiento de las directrices para la formación y actuación de los agentes de la autoridad en materia de tráfico y circulación de vehículos, sin perjuicio de las competencias de las corporaciones locales, con cuyos órganos se instrumentará, mediante acuerdo, la colaboración necesaria.

l) La formación, la divulgación y la educación en materia de seguridad vial, y el control de la publicidad relacionada con el tráfico y la seguridad de la circulación vial.

m) La elaboración de instrucciones en materia de permisos para conducir y la tramitación de expedientes de conductor ejemplar.

n) La dirección y control de la enseñanza de la conducción, así como la elaboración de instrucciones y el establecimiento de los medios para la realización de pruebas de aptitud, incluida la formación de examinadores; la dirección de la enseñanza para adquirir la titulación de personal directivo y docente de escuelas particulares de conductores, así como el registro y control de los centros habilitados para la evaluación de las aptitudes psicofísicas de los conductores.

ñ) La aprobación de instrucciones sobre la tramitación de expedientes sancionadores en materia de tráfico y sobre autorizaciones de circulación de vehículos. La tramitación y propuesta de resolución de los recursos, así como la tramitación y formulación de declaraciones de nulidad, y la resolución de reclamaciones previas a la vía judicial.

o) La realización de estudios y propuestas, y la elaboración de anteproyectos de disposiciones, sobre tráfico y seguridad vial.

p) La creación, desarrollo, mantenimiento, explotación y custodia de los registros y bases de datos de vehículos, conductores e infractores, profesionales de la enseñanza de la conducción, centros de formación de conductores, centros de reconocimiento de conductores, accidentes y cuantos otros sea necesario crear para el desarrollo de las competencias del organismo autónomo.

q) La elaboración de tablas estadísticas relativas a todas las áreas de actividad del organismo autónomo, así como la racionalización, simplificación e informatización de los procedimientos administrativos y la realización de estudios sobre organización del trabajo.

r) Dar soporte en tecnologías de la información a las unidades del organismo, para la gestión de toda la actividad realizada para prestar los servicios que tiene encomendados.

Dentro de las competencias del Organismo Autónomo Jefatura Central de Tráfico no hemos de olvidar las relaciones que se mantienen con la Agrupación de Tráfico de la Guardia Civil. La Ley Orgánica 2/1986, e 13 de mayo, de Fuerzas y Cuerpos de Seguridad, en su artículo 12.1 B) apartado c, atribuye a la Guardia Civil, como integrante de las mismas, la vigilancia del tráfico, tránsito y transportes en las vías públicas interurbanas. El Texto Articulado de la Ley sobre Tráfico, Circulación de Vehículos a Motor y Seguridad Vial, aprobado por Real Decreto Legislativo 339/1990, de 2 de marzo, regula las competencias del Ministerio del Interior en relación con el tráfico, y más concretamente, las del Organismo Autónomo Jefatura Central de Tráfico o y la Agrupación de Tráfico de la Guardia Civil, así como el régimen de relación y dependencia entre éstos.

El artículo 5 de este Real Decreto en su apartado l) señala, entre las competencias del Ministerio del Interior: "Establecer las directrices básicas y esenciales para la formación y actuación de los Agentes de la Autoridad en materia de tráfico y circulación de vehículos a motor, sin perjuicio de las atribuciones de las Corporaciones Locales, con cuyos órganos se instrumentará, de común acuerdo, la colaboración necesaria" .Por su parte, el artículo 6 establece, en su apartado segundo que:" Para el ejercicio de las competencias atribuidas al Ministerio del Interior en materia de vigilancia, regulación y control del tráfico y de la seguridad vial, así como para la denuncia de las infracciones a las normas contenidas en esta ley, y para las labores de protección y auxilio en las vías públicas o de uso público, actuarán, de acuerdo con lo que reglamentariamente se determine, las Fuerzas de la Guardia Civil, especialmente su Agrupación de Tráfico, que a estos efectos depende específicamente de la Jefatura Central de Tráfico".

Por último, el Real Decreto 1599/2004, de 2 de julio, por el que se regula la estructura orgánica básica del Ministerio del Interior, al referirse en su artículo 4 a la Dirección General de la Guardia Civil, hace depender, en su apartado 7.e) de la Subdirección General de Operaciones a la Jefatura de la Agrupación de Tráfico, al mando de un Oficial General de la Guardia Civil en situación de servicio activo, a la que corresponde, como unidad especializada en materia de tráfico, seguridad vial y transporte, organizar y gestionar todo lo relativo al ejercicio de las funciones encomendadas a la Guardia Civil por la normativa vigente.

La DGT como organismo autónomo

La Jefatura Central de Tráfico es un Organismo Autónomo de los previstos en el artículo 43.1 a) de la Ley 6/1997, de 14 de abril, de Organización y Funcionamiento de la Administración General del Estado, cuya finalidad es el desarrollo de acciones tendentes a la mejora del comportamiento y formación de los usuarios de las vías, y de la seguridad y fluidez de la circulación de vehículos y la prestación al ciudadano de todos los servicios administrativos relacionados con las mismas.

El Organismo Autónomo Jefatura Central de Tráfico tiene personalidad jurídica pública diferenciada, patrimonio y tesorería propios, autonomía de gestión y plena capacidad jurídica y de obrar, y dentro de su esfera de competencias, le corresponden las potestades administrativas precisas para el cumplimiento de sus fines, en los términos previstos en las normas. Se rige por las disposiciones contenidas en el Real Decreto Legislativo 339/1990, de 2 de marzo, por el que se aprueba el texto articulado de la Ley sobre Tráfico, Circulación de Vehículos a Motor y Seguridad Vial y por todas las normas que resulten de aplicación, sin perjuicio de las peculiaridades contenidas en las normas que se vayan publicando. Está adscrito al Ministerio del Interior, el cual podrá ejercer el control de eficacia en los términos previstos en el artículo 51 de la Ley 6/1997.

9. Popurrí de reflexiones

Son muchas las ideas que surgen espontáneamente cuando se reflexiona sobre el tráfico. Sobre algunos temas tenemos la certeza absoluta de lo que el gobierno debería hacer para solucionarlo, sobre otros acusamos claramente a los conductores. En general se tratan de ideas sueltas que a veces nos asaltan cuando estamos en un atasco, absortos en nuestros pensamientos.

En este capítulo reflejo sobre las que yo reflexiono cuando estoy al volante, y que han sido el origen de este libro. Algunas ideas las compartirán conmigo, y dirán: ¡eso mismo pienso yo! Y otras les resultarán absurdas. No pretendo tener la exclusividad sobre ellas, son pensamientos que cualquier ciudadano tiene.

Si han sido capaces de llegar hasta aquí leyendo mi libro desde el principio: ¡Felicidades!,

La ubicación de los parques infantiles depende de la disponibilidad de espacio en las zonas verdes ya existentes, o en plazas sin infraestructuras. Muchas veces se sitúan peligrosamente cerca de vías de mucho tráfico, por lo que sufren sus consecuencias en cuanto a peligro, contaminación química y ruido.

que sepan que les reconozco el esfuerzo. Si es así, muchas de estas reflexiones ya las habrán leído, por lo que este capítulo sirve de repaso.

Si no se han leído los capítulos anteriores, este capítulo les ayudará a sumergirse en los principales conceptos que planteo. Que los disfruten.

- El tráfico es una perdida de espacio para las personas.
- Los atropellos son un riesgo permanente que sufrimos los conductores y los viandantes que debemos eliminar.
- ¿por qué tengo que ir esquivando los vehículos que están mal aparcados cuando camino por la calle?
- Los conductores con sus vehículos ocupan las aceras limitando o impidiendo el paso a los peatones.
- Si no hubieran tantos aparcamientos habría más espacio para actividades lúdicas, parques infantiles, canchas, jardines, etc.
- Si no hubieran tantos vehículos aparcados cabrían los contenedores de basura, y la recogida de los mismos no entorpecería el tráfico. Se haría más rápido.
- Las calles se mantienen más limpias sin tráfico. La limpieza se haría mucho mejor y más rápido.
- Sin vehículos aparcados las aceras serían más anchas y cómodas.
- Tengo miedo de que me roben el vehículo, o que me lo destrocen o quemen. Hay mucha

Las zonas de carga y descarga permiten agilizar algo el caótico tráfico de mercancías, pero en numerosas ocasiones no son respetados por los conductores de vehículos privados.

Incluso en vías anchas, como ramblas, el dejar espacio para que existan aparcamientos obliga a los autobuses a ocupar los dos carriles, creando situaciones de riesgo, de forma que el transporte público queda limitado por el tráfico privado en circulación y por los vehículos aparcados. En vez de tener carriles bus exclusivos, separados físicamente del tráfico privado, se ven obligados a competir con ellos.

delincuencia suelta y es demasiado fácil hacerlo.

- Cuanto tiempo y dinero pierdo buscando aparcamiento.
- Lo he dejado medio mal aparcado. A ver si escapa y no se lo lleva la grúa.
- Aparcaría ahí pero está el aparcacoches ese que no me gusta. No hacen nada y ganan más que yo que me pego el día trabajando.
- Lo dejo aquí, está nuevito. Espero que no me lo rayen.
- Sacarse el carné salé un montón de dinero, pero es para toda la vida.
- Para que toca la pita, no ve que no sirve de nada.
- Desgraciado, quítate de delante....
- Le pongo la alarma. No sirve de mucho, pero quizás el ruido funcione....
- Tenía que ser mujer.....
- Tenía que ser hombre...
- Los taxistas se creen los dueños de la ciudad.
- A ese no lo dejo pasar yo.
- Que ruido hay en las calles con el dichoso tráfico.
- Es carga y descarga, pero lo dejo sólo un momento.
- Conduce como un loco.
- El ayuntamiento tendría que arreglar esto.
- Este cruce es inseguro. Deberían de hacer algo.
- Tenía que ser diesel, es que apesta.
- Escondo el radiocasete debajo del asiento para que no me lo roben,
- Déjame sacar esto de maletero ahora, para que no me vean abrirlo después cuando llegue.
- No lo lavo mucho, así no parece tan nuevo y no es goloso para los ladrones.
- No aparco aquí porque este me va a pedir dinero.
- El gorrilla este como no le pague es capaz que me lo roza o me roba.
- Que lento va ese que va delante, a ver si lo adelanto.
- No tengo tiempo ni dinero para sacarme el carné, así que conduzco con mucha seguridad para no tener accidentes.
- Me meto por el carril bus, total nadie lo respeta.
- Conducir me pone de los nervios.
- La gente no sabe conducir. Por eso hay tanto atasco.
- Iría en autobús, pero no sé cuando pasan.
- Iría en autobús, pero iba a estar en el mismo atasco.

Los vehículos pesados no pueden desplazarse con seguridad por nuestras vías. Si van despacio, entorpecen el tráfico y generan accidentes. Si van rápido y nos adelantan, suponen un peligro de muchas toneladas. El tráfico privado no debería entorpecer su actividad.

- Aunque esté en rojo el paso a nivel, yo miro antes de pasar.
- Si no viene nadie, me salto el semáforo.
- Ahí está la Guardia Civil, déjame reducir la velocidad.
- Si no hubieran camiones en la carretera, no habrían tantos atascos.

Y así podríamos seguir escribiendo pensamientos fugaces que tenemos a diario, y que pasan tan rápidamente por nuestra mente que no les damos la importancia que tienen. En realidad dentro de nosotros conocemos muy bien los problemas del tráfico, y también muchas soluciones. De vez en cuando, en un bar o en una reunión familiar somos capaces de "arreglar el mundo", ordenando nuestras ideas y defendiéndolas ante los demás, pero siempre se quedan en eso, en conversaciones.

La realidad es que somos conscientes de que "el tráfico no tiene solución", pero no somos capaces de asumirlo porque tenemos miedo a perder parte de nuestra calidad de vida, sin querer asumir que el tráfico rodado privado nos tiene metido en un callejón sin salida que no nos permitirá mejorar nuestra vida ni la de nuestro medio ambiente.

10. El entorpecimiento total

El tráfico rodado privado lo considero el principal obstáculo que las culturas industrializadas tienen para alcanzar el principal bien: el bienestar de sus ciudadanos. Los problemas de espacio, seguridad y ambientales tienen tanto peso, a nivel local y mundial, que resulta incomprensible que sigamos apostando por este modelo totalmente insostenible.

Este entorpecimiento ya lo hemos visto con detalle en capítulos anteriores, y es debido principalmente a la limitación de espacio. Regular el espacio correctamente es uno de los principales problemas en la gestión de las ciudades. Para poder hacer posible que todas las actividades quepan en la ciudad, no sólo es imprescindible delimitar el espacio que cada una ocupe, sino también el tiempo que lo hará. Así es posible desarrollar varias actividades que comparten el mismo espacio.

Entre los grandes problemas de movilidad que genera, los más importantes son:

- El entorpecimiento de la movilidad de los ciudadanos.
- El desplazamiento de la población por ocupación física del espacio disponible.
- El entorpecimiento del transporte público, que se vuelve caro e ineficaz.
- El entorpecimiento de los transportes de mercancías.
- El entorpecimiento de otros transportes.
- El entorpecimiento del crecimiento de las ciudades y una correcta ordenación urbanística. Limitación de suelo.
- El entorpecimiento de otras actividades humanas que dan vida a las ciudades: culturales, comerciales, etc.

Calles estrechas, aceras en las que sólo cabe un viandante, todo tipo de contenedores, vehículos entorpeciendo su recogida y a doble fila, zonas de carga y descarga que no se respetan, vehículos de gran tamaño, autobuses que no podrán pasar. El entorpecimiento total se produce porque es imposible que en el mismo espacio y tiempo puedan coexistir todas las actividades que tienen lugar en una ciudad actual, en la que el tráfico privado es el protagonista.

11. La importancia de la Publicidad

El "Car Way of Life" o la "sociedad del automóvil" no existiría si no existiera una verdadera cultura de la importancia que supone poseer un automóvil. Esta cultura está consolidada en nuestra sociedad de tal forma que no podemos concebir la vida sin ellos. La publicidad de las empresas automovilísticas se encarga de alimentar diariamente esta realidad, fomentando y apoyando la venta de automóviles. En los anuncios nunca aparecen los atascos, ni la contaminación, ni la falta de aparcamiento. Además favorecen comportamientos negativos en la sociedad, como la agresividad, el individualismo, el egoísmo, la envidia, el placer individual. También comportamientos positivos, que nos alienten a adquirir un vehículo para disfrutar de nosotros mismos o de la compañía de nuestra familia, pareja, compañeros de trabajo, amigos, etc.

El bombardeo de publicidad es continuo. Se trata de la publicidad más agresiva e intensa que nos encontramos (sólo por detrás de la financiera).

Nos venden de todo salvo lo que en realidad compramos: una máquina, y los servicios de mantenimiento y reparación de la misma.

Además no somos conscientes que lo de menos es el precio del vehículo. Lo importante es que desde que lo tenemos somos consumidores compulsivos de todos los productos indispensables: carburantes, refrigerantes, repuestos, adornos y complementos, etc., y nos convertimos en clientes de determinadas empresas: talleres, aparcamientos, peajes, etc.

Debemos de felicitar a las empresas automovilísticas, porque sus campañas publicitarias son espectaculares. Desde mono volúmenes en los que caben elefantes bebés hasta vehículos que se transforman en robots enormes que bailan o patinan sobre hielo. Veamos algunos ejemplos de anuncios en los que claramente vemos que lo que nos venden es un "Car Way of Life" (Estilo de vida con vehículo):

"Te gusta conducir" BMW
"Sé la carretera" BMW
"Cambia de Vehículo, Cambia de Vida"Citroën
"Porque la compra de un Audi es sólo el principio del camino hacia una gran experiencia". Audi
"Desata la potencia de 420 CV, pon a prueba su deportividad. El Audi R8 es auténtica pasión". Audi
"Un vehículo con razón y corazón" Mercedes-Benz
"Energía desbordante. Deportivo, ágil y ávido de aventura". Mercedes-Benz
"Todos tenemos derecho a un vehículo ecológico". Renault
"Potencia y Ecología". Saab.

Afortunadamente ya son pocos los anuncios que fomenten la velocidad y agresividad al volante, como era usual hace menos de diez años. Ahora se prima la seguridad, el confort, el espacio interior, la conducción cómoda, la protección, la alta tecnología, el respeto al medio ambiente. Aunque todavía se generan publicidades que utilizan los aspectos más negativos de la personas, como la codicia, la envidia, la prepotencia, el lujo exclusivo, el miedo, etc.

Es de agradecer la fuerte inversión que en sistemas de seguridad activos y pasivos se está realizando en los últimos años, puesto que han salvado muchas vidas.

Sigue resultando paradójico que vendan vehículos que pueden alcanzar más de 200 Km./h, cuando el límite de velocidad es de 120 Km./h. O que presuman de vehículos "ecológicos", cuando cualquier vehículo está contaminando de forma directa o indirecta desde su diseño, fabricación, transporte, almacenamiento, utilización, desguace, y más allá. No existe el vehículo ecológico.

Y no sólo utilizan la publicidad directa. También promocionan multitud de eventos, participan como patrocinadores o colaboradores en innumerables actos, incluso medioambientales. Las empresas invierten una importante cantidad de dinero en mejorar continuamente su imagen.

En los países más avanzados las ventas están disminuyendo, mientras que en los países emergentes es ahora cuando se está empezando a crear el mercado. Para poder asegurar las ventas a largo plazo, están promocionando vehículos baratos en los países más desarrollados, fabricados en países en vías de desarrollo. Y en estos países con gran empuje se venden todas las gamas sin dificultad.

Es triste comprobar con que facilidad la publicidad es capaz de influir en nosotros, para que paguemos mucho más de lo que nuestra economía nos permite, por algo que perjudica claramente nuestra calidad de vida y destroza irreversiblemente el medio ambiente.

12. Principios para la nueva ciudad comunicada

Para poder mejorar es necesario que establezcamos en la sociedad una nueva "Filosofía del tráfico", basada en una ciudad con la que obtengamos lo que hemos buscado desde que inventamos los medios de transporte: la comunicación eficaz.

Actualmente los ciudadanos tenemos interiorizadas unas determinadas "verdades" que hemos asumido con total normalidad, aunque en realidad no sean ciertas ni beneficiosas para nosotros. La principal de todas es que el vehículo privado es imprescindible para la movilidad de las personas. A lo largo de este libro estoy seguro que han podido interiorizar el porque esta afirmación es falsa, y todos los perjuicios que suponen para nuestra sociedad, desarrollo y medio ambiente.

La ciudad comunicada. Esa utopía en la que las personas y mercancías puedan ser desplazadas de un lugar a otro con rapidez, seguridad, y eficacia sin utilizar transportes privados. Esa ciudad respetuosa con el medio ambiente, llena de calles comunicadas por transportes públicos poco contaminantes, con amplias zonas para caminar y realizar actividades. Una ciudad en la que la vida al aire libre recobra la importancia de antaño. Una ciudad segura, sin accidentes de tráfico diarios, sin recovecos oscuros. Una ciudad sin contaminación acústica, en la que se puede disfrutar de los sonidos sin tener que huir de los ruidos. Una ciudad para caminar, y disfrutar de medios de transportes no contaminantes como la bicicleta. Una ciudad con menos delincuencia, que ya no puede utilizar la existencia del tráfico privado para sus fines.

La ciudad comunicada. Este es mi sueño, mi meta, mi anhelo. Y espero que a partir de hoy también compartas conmigo esta visión de futuro, que se puede hacer realidad hoy.

Esta nueva visión deberá basarse en los siguientes principios:

1. El tráfico no tiene solución

El tráfico privado como medio de transporte es ineficaz, por lo que debemos eliminarlo totalmente en nuestras ciudades, y regularlo de forma que sea totalmente inviable. Los vehículos privados deben quedarse fuera del ámbito urbano. Todo transporte que no sea regulado, colectivo y público no deberá circular por la ciudad.

Hay que lograr que poseer un vehículo privado a motor tenga más inconvenientes que ventajas, de forma que a medio plazo nos deshagamos de la "cultura del automóvil". Debemos asimilar la nueva cultura sin vehículo privado, pasando del "Car Way of Life" a la nueva cultura de "Walk Way of Life". Y los que ahora poseemos un vehículo, debemos quedar excluidos de esa nueva sociedad, de forma que con nuestra actual "herramienta imprescindible" no podamos realizar nuestra vida cotidiana. Para seguir teniendo las ventajas de ser ciudadanos, estaremos obligados a utilizar los transportes públicos.

Nosotros dejaremos nuestros coches en los aparcamientos fuera de las ciudades. Nuestros hijos se desprenderán del vehículo privado a motor, y nuestros nietos los verán sólo en exposiciones y museos. Nuestros bisnietos se preguntarán como fue posible que nosotros viviéramos con una calidad de vida tan pobre y medioambientalmente destruida. Debemos convertir nuestras ciudades "atascadas" y "contaminadas", en ciudades "comunicadas" y "sostenibles".

2. La ciudad para el ciudadano/a

La ciudad es para las personas, no para los vehículos. Cualquier planificación debe priorizar siempre a las personas, limitando el tráfico rodado.

Los vehículos privados deben quedar estacionados fuera de las ciudades, en grandes intercambiadores de los que partan varios servicios públicos de transporte. Estos lugares serán aparcamientos permanentes para los vehículos de los residentes a precio simbólico, y precios muy baratos para los no residentes.

Toda la ciudad tiene que adaptarse al movimiento continuo de personas a pie o en medios de transporte públicos colectivos: amplias aceras, toldos de protección, bancos, bebederos, etc.

3. Objetivo: la comunicación eficaz

Utilizando transporte público y fomentando el uso de transportes autónomos no contaminantes, es posible asegurar el transporte de personas y mercancías en toda la ciudad.

El objetivo de un ciudadano no debe ser comprarse un vehículo. Hay que eliminar ese futuro a los adolescentes de hoy. No deben convertirse en adultos con vehículo. A lo que debe aspirar un ciudadano es a poder desplazarse eficazmente, y así debe exigirlo a sus gobernantes.

En esto es en lo que hemos perdido el norte. Por querer comunicarnos de forma rápida y eficaz hemos elegido el transporte privado, pero es precisamente esa elección la que nos ha llevado al callejón sin salida del tráfico privado de hoy en día, totalmente ineficaz en las ciudades actuales y futuras.

4. Objetivo: accidentes cero

La tasa de accidentes actual es intolerable. Miles de personas mueren o sufren graves heridas cada año. Da lo mismo que haya sido premeditado o simple despiste, cada accidente demuestra el fracaso de cualquier estrategia que se lleve a cabo. A pesar de todas las medidas que se toman, los accidentes no disminuyen. ¿Por qué? Porque el tráfico no tiene solución. Sólo existe un modo de que la carretera no siga destruyendo a las familias. No debemos permitir que los ciudadanos conduzcan. No sólo terminaremos con los accidentes del transporte privado, sino que los transportes públicos serán mucho más seguros, al no tener que competir ni compartir espacio con el transporte privado. Esto no significa que no se produzcan algunos accidentes al año, pero las cifras serán muy bajas.

5. Objetivo : sensación de ubicuidad

Una ciudad estará comunicada si hacemos sentir a los ciudadanos que no importa en el lugar en que se encuentren, porque de forma inmediata, rápida, segura y eficaz pueden desplazarse hasta cualquier otro punto de la ciudad. Es realmente una Necesidad de Ubicuidad. El ciudadano necesita tener la seguridad que puede desplazarse. Si no es así se crea una sensación de inseguridad que le hace optar por el transporte privado.

6. Objetivo: accesibilidad total

En una ciudad comunicada da lo mismo como nos desplacemos a pie. Puede ser caminando, en patines, con muletas, con silla de ruedas, con el carro de la compra, empujando un carrito de bebé. Existe una accesibilidad continua en todas las vías, y en las entradas a todos los edificios.

No existen plazas de aparcamiento exclusivas para personas con movilidad reducida, simplemente porque los vehículos privados no entran en la ciudad. En su lugar, cualquier persona con problemas de movilidad no va a encontrar una acera por la que no pueda pasar, un bordillo que no pueda superar, o un escalón que le impida subir.

Los pasos de peatones han perdido algo de su sentido, y se puede cruzar las calles por diferentes lugares. Además, los vehículos privados no van a estar aparcados en lugares que molesten el paso de los ciudadanos.

7. Transporte público sin horarios

En una ciudad comunicada las personas no se adaptan a los horarios de los transportes públicos, porque siempre están presentes. En una calle comunicada un medio de transporte público pasa cada 5 minutos. El transporte puede adaptar su capacidad a la afluencia de personas, pero nunca su horario, que debe ser continuo. De esta forma ningún ciudadano tiene que ver la hora que es y preguntarse si podrá coger el autobús o tendrá que esperar mucho tiempo. Tiene que tener presencia continua, ser omnipresente.

Las ciudades han sido adaptadas al automóvil, y no a las personas. Mientras en este portal no puede entrar un ciudadano con movilidad reducida, porque está elevado sobre el nivel de la acera, y en su interior todo son escaleras, los vehículos entran y salen por una cómoda rampa que accede directamente a la acera, rebajándola, y con el peligro del paso continuo de peatones.

8. Calles comunicadas

Cualquier ciudadano, esté donde esté, debe tener a menos de 200 m una vía comunicada. En esta vía existe una forma de transporte que le asegura que puede desplazarse donde quiera a cualquier hora del día o de la noche. Este medio de transporte será colectivo. Por lo tanto lo importante no es peatonalizar las calles, como se realiza actualmente de forma errónea e indiscriminada, sino de crear calles comunicadas, barrios comunicados, distritos comunicados, ciudades comunicadas, eliminando el tráfico privado del interior de las ciudades. Evidentemente esto tendrá como consecuencia que por muchas calles no pasarán vehículos a motor, quedando peatonales, aunque seguramente se habilitarán para otro tipo de vehículos, como bicicletas.

9. El vehículo privado no es necesario

Toda planificación de la ciudad comunicada supone la aceptación de lo absurdo que supone el vehículo privado para los desplazamientos. Repito: el vehículo privado no es necesario. Por lo tanto, en la ciudad comunicada cualquier ciudadano debe poder darse cuenta que los medios de transporte públicos son más eficaces y rápidos que el vehículo privado. Tiene que ser consciente de ello, y tenemos que demostrárselo con hechos. Sólo de esta forma la implantación del nuevo transporte público será reconocida como una mejora por los ciudadanos.

10. Incompatibilidad entre el tráfico privado y el transporte público

Ninguna solución de transporte colectivo funcionará mientras exista el tráfico privado dentro de la ciudad. Tienen que ir por vías totalmente diferentes, y de forma que nunca el transporte privado limite la movilidad del transporte público. Muchas oportunidades se pierden cuando se amplían carriles en las autopistas, que podrían ser exclusivos para los transportes públicos, sin embargo se pretende solucionar el problema del tráfico creando más calles y aparcamientos, cuando esto en realidad lo único que logra es que accedan más vehículos, y que se colapsen igual las ciudades.

La única forma de que el transporte público sea eficaz, puntual y rentable es que no exista el privado por tres razones fundamentales: para que todos nos veamos obligados a utilizarlo, para que no haya entorpecimiento, ni competencia por el espacio/tiempo.

11. Limitación de espacio

El espacio es limitado. Por orden de importancia siempre está primero el uso por parte del ciudadano, el transporte público, los servicios de la ciudad, etc. El transporte privado no tiene cabida en este espacio público.

Tenemos que invertir la tendencia actual que coloca los vehículos a nivel de la calle y los ciudadanos van por el subsuelo. Deben ser los vehículos los que no vean la luz del sol, siendo dirigidos a aparcamientos en las afueras.

El tráfico privado no debe entrar en las ciudades, y si lo hace, debe ser dirigido exclusivamente a aparcamientos controlados en las afueras. En esos trayectos no debe haber opción a aparcar en otro lugar.

En calles "comunicadas", no existe espacio reservado para vehículos privados. Pero si existen espacios reservados para el aparcamiento de servicios públicos, como policía, bomberos, ambulancias. También todos estos servicios

Sin el entorpecimiento del tráfico privado, los servicios de urgencia ganarían en rapidez y seguridad.

La reserva de aparcamientos por parte de servicios públicos es imprescindible, y queda limitada por la necesidad de plazas de aparcamientos para vehículos privados.

públicos pueden moverse libremente, sin obstáculos ni colas. De esta forma existe una planificación del espacio y de los servicios de urgencia, sin que tampoco los servicios públicos entorpezcan al verdadero protagonista del espacio: el ciudadano.

12. Transportes privados no contaminantes

En una ciudad comunicada se fomentan los transportes no contaminantes, como las bicicletas, patines, patinetas, etc. Son los únicos transportes privados permitidos. Existen carriles específicos para ellos y nunca entorpecen el transporte público ni a los peatones. Estos transportes tienen que ser pequeños, limpios y silenciosos.

En una ciudad comunicada no hay cabida para transportes privados ruidosos y contaminantes, como motos y ciclomotores. Tampoco hay cabida para transportes de viajeros (tipo carruajes), ni tirados por personas ni por animales. Sólo con carácter turístico podrá haber algunos carruajes siempre que sean tradicionales de la ciudad.

13. Transporte de mercancías

El abastecimiento de mercancías se realizará de forma restringida y controlada en calles y horarios. No podrá interferir en el transporte público. Sólo camiones y furgones autorizados podrán realizar las descargas y cargas de mercancías. Y aunque se desplacen más despacio y con mayor dificultad, al no existir tráfico privado no se crearán colas detrás, ni riesgos de accidentes por ello. Sin tráfico privado, se podrá configurar este transporte para que sea rápido. Y no tendrán problema de espacio.

Esto obligará a que muchas actividades salgan a la luz y se legalicen, puesto que para tener permisos de acceso deberán ser actividades controladas y legales. Pensemos en obras, y venta de bienes.

Las motos y los ciclomotores son ruidosos, demasiado rápidos e imprevisibles. Ponen en continuo peligro tanto a conductores como a peatones. No tienen cabida en una "Ciudad comunicada".

Los camiones realizan el transporte de las mercancías más pesadas y voluminosas, incluso dentro de las ciudades. Es necesario que cuenten con espacio suficiente para desplazarse. Y sin tráfico privado, no se crearán colas detrás.

Actualmente las zonas de carga y descarga suponen una limitación de espacio y temporal para el resto de servicios de la ciudad, y no son respetadas por el conductor privado, lo que desvirtúa su utilidad.

Se regulará el transporte de mercancías perecederas, como la distribución de las compras de los supermercados a los domicilios, que no podrán usar vehículos a motor de combustión.

En caso de mudanzas serán vehículos autorizados expresamente y temporalmente, con el abono de tasas y control riguroso.

Para todo ello las nuevas tecnologías son fundamentales, y se pueden utilizar con gran eficacia para llevar este control.

En una ciudad comunicada las zonas de carga y descarga no quitan espacio a ninguna otra actividad, porque están delimitadas tanto en lugar como en tiempo, quedando el resto del día libres para los ciudadanos.

14. Automatización de la conducción.

El ser humano es imperfecto. Cometemos muchos errores, somos imprecisos continuamente y tenemos una gran capacidad de despiste. Todo esto se traduce en accidentes. Por lo tanto la conducción de vehículos a motor debe estar totalmente automatizada, no debe depender del control del ser humano. Las personas no estamos capacitadas para conducir sin un control total y permanente por parte de la informática y de las autoridades sancionadoras. Por lo tanto un vehículo debe llevar a las personas, sin que ellas lo conduzcan.

Los accidentes se producen porque las personas somos imperfectas, y vamos a seguir cometiendo errores siempre. Con vehículos cada vez más potentes y rápidos, estamos limitados por nuestras propias capacidades. Por lo tanto concluyo que el ser humano no tiene la capacidad de conducir con seguridad, y nunca la tendrá.

15. Capacidad de adaptación del ser humano

Las personas desean seguir con sus vidas. Cualquier cambio en la ciudad lo terminan aceptando, y adaptándose a las nuevas circunstancias. A pesar de las previsibles protestas iniciales, en cuanto se disfrute de la efectividad de una ciudad comunicada, los ciudadanos se adaptarán rápidamente y disfrutarán como nunca de su ciudad.

Por lo tanto no hay que tener miedo a tomar medidas que pueden parecer impopulares en un momento dado. Sólo con el tiempo podremos ver si esas medidas fueron buenas o no.

Sin embargo debemos organizar transiciones rápidas, pero no revoluciones. Y deberemos permitir que puedan reconocer lo antiguo en lo nuevo, para que se puedan seguir sintiendo cómodos. En este sentido es de destacar el no cambiar jamás el nombre a las calles. El nombre que se le puso cuando se hicieron, es el que debe permanecer siempre, sin que cambios políticos puedan reconfigurar las ciudades a su antojo, tratando de borrar su historia.

16. Capacidad de interiorizar y convertir en inconsciente.

Aunque somos reticentes al cambio, rápidamente interiorizamos las nuevas situaciones y las automatizamos. Por lo tanto las poblaciones se adaptan muy fácilmente a las nuevas configuraciones de las ciudades. Somos animales de costumbres, y necesitamos que las ciudades posean un orden lógico, que nos permita movernos con rapidez.

Somos manipulables, y esta capacidad debe ser aprovechada para la configuración del transporte público. Una vez que el ciudadano vea que con sólo el transporte público se puede desplazar eficazmente y con seguridad, se convertirá en un acérrimo defensor del mismo.

Todo ser humano comete fallos y es imprudente, tanto conduciendo como de peatón, por lo que siempre habrá accidentes. Y como además el transporte pesado comparte las carreteras con el transporte privado, los accidentes son todavía más graves y frecuentes.

17. Vencer el miedo

El miedo es visceral, y la respuesta a él (la defensa irracional), deben ser eliminados de las decisiones con relación a la gestión del tráfico. Cualquier cambio predispone a parte de la población a la confrontación directa, sin racionalizar muchas veces las ventajas e inconvenientes del mismo. Muchos tienen miedo a perder el trabajo, las empresas no quieren perder dinero, las administraciones no quieren problemas. . Este miedo se observa sobre todo en colectivos que no quieren perder sus privilegios (colectivos de vecinos, conductores, taxistas, etc.).

18. La desobediencia y falta de buena fe

El ser humano es orgulloso, cree que tiene razón y que el universo gira a su alrededor. No se puede tomar ninguna medida que presuponga la buena fe o la obediencia de los conductores o los peatones. Por naturaleza somos desobedientes y contradictorios. Si algo no debe hacerse, hay que impedirlo físicamente, para que nadie pueda hacerlo aunque quisiera. (Como las pilonas para que no se aparque en las aceras).

Además existen en la normativa tantas incongruencias, que dan excusa a los incumplidores. Como ejemplo, en España no se puede hablar por el móvil sin manos libres pero está permitido fumar, que ocupa continuamente una mano y tiene numerosos riesgos añadidos.

Si no quieres que algo se realice, impídelo físicamente, no confíes en la buena voluntad de los conductores.

19. El castigo no funciona en el tráfico privado

Las medidas coercitivas se violan constantemente. Ningún ciudadano respeta todas las leyes. No se puede esperar que toda la población no realice una acción simplemente imponiendo castigos, por muy severos que sean. Es más, cuantos más duros sean, más injustos parecerán, y más ineficaces resultan. Sólo la imposibilidad real de hacer algo funciona. Y a esto tenemos que concentrar los esfuerzos en la formación.

No debemos de dejar que los conductores decidan si deben hacerlo bien o mal, porque lo que están en juego son vidas humanas. No todos estamos capacitados para conducir, por lo que debemos impedir que un conductor pueda cometer una infracción. Sólo si no conducen no habrá infracciones.

Incluso con sanciones graves (multa y retirada del carné) son muchos los conductores que siguen conduciendo, y rara vez son "cazados".

20. La formación nunca finaliza

En la actualidad uno obtiene el carné de conducir y nunca más tiene que aprender más sobre conducción. Esto debe cambiar. Todo conductor deberá aprobar un curso de forma periódica, que será teórico y práctico, en el que se le mantenga al día, aparte de pasar la correspondiente revisión médica. Toda infracción grave llevará aparejado la asistencia obligatoria a formación o trabajos sociales relacionados con el tráfico y los accidentes.

21. Apuesta decidida por las nuevas tecnologías

A medida que la ciencia avanza, surgen nuevas aplicaciones que suponen revoluciones en la capacidad del manejo de la información y de las herramientas. Aplicando las nuevas tecnologías al tráfico (como veremos en los puntos siguientes) será fácil poder controlar las ciudades y sus vehículos para convertirlas en ciudades comunicadas. El ser humano debe de dejar de controlar manualmente los vehículos, y para eso el uso de las nuevas tecnologías es fundamental.

Cualquier cambio que se pretenda hacer en una ciudad deberá plantearse desde el punto de vista de la aplicación máxima de las nuevas tecnologías.

22. Eliminación del anonimato

Nos comportamos mal conduciendo cuando somos anónimos, cuando creemos que nadie sabe quienes somos. Pero desde que aparece la policía, o creemos que nos están vigilando, nuestra actitud cambia: nos volvemos más prudentes y procuramos cumplir la ley.

Es por esto que debemos eliminar el anonimato. Por medio de un emisor/receptor obligatorio en todos los vehículos (y revisable su funcionamiento por los agentes de la autoridad y en las inspecciones técnicas) en todo momento el vehículo estará identificado. Esta emisión servirá para delatar nuestra posición e identidad en todos los lugares: entradas en zonas prohibidas, aparcamientos indebidos, velocidad excesiva, conducción peligrosa, de forma que inmediatamente y automáticamente se nos pueda imponer la sanción, y ser comunicada en nuestra pantalla en tiempo real.

Al iniciar la marcha será necesario superar un control de identificación en el vehículo (a través de la huella dactilar, por ejemplo) que nos identifique personalmente, quedando así registrado tanto el vehículo como el conductor. De esta forma se evitará que conduzcan personas que no poseen carné o que lo tienen retirado por una sanción. Esto no sólo en su vehículo, sino en cualquiera que tratara de utilizar.

En los transportes públicos deberán registrarse las imágenes y el sonido en directo, y estar conectadas a las fuerzas de seguridad del estado, de forma que cualquier agresión verbal o física pueda ser detectada en directo y reprimida eficazmente. Para ello servirá de ayuda el sistema de megafonía, que se utilizará para comunicarse con los agresores y las victimas. Esto unido a una presencia física inmediata hará de los transportes públicos un medio de alta seguridad para los ciudadanos.

23. Eliminación del azar

Por medio de medios electrónicos todos los vehículos que cometan una infracción serán identificados en tiempo real y automáticamente sus conductores serán multados (lectores de matrículas, identificadores digitales, etc.). Se elimina así la arbitrariedad el sistema actual, en la que a unos se multa y otros escapan. Y el papel del ser humano será de simple controlador del funcionamiento del sistema, sin poder decidir sobre una actuación en particular.

Con este nuevo sistema las fuerzas de seguridad no sólo podrán identificar un vehículo, y multar a su conductor, sino también podrán inmovilizarlo de forma electrónica, evitando así fugas a gran velocidad o incumplimiento de la sanción.

24. Intercomunicación entre vehículos

Un sistema seguro de conducción debe permitir que los vehículos se comuniquen electrónicamente información útil para la conducción, como: destino, velocidad actual, capacidad de frenado, peso del nº de ocupantes, carga si lleva, información sobre el estado de las carretera y otras incidencias, etc.

De esta forma los vehículos se podrán conducir ellos mismos o por el conductor con previsión, sabiendo de antemano lo que se van a encontrar.

De esta forma un vehículo averiado emite una señal que se transmite entre los demás vehículos de forma que no se produzca un accidente ni se formen atascos enormes por los espectadores.

Este sistema puede complementarse con un sistema de comunicación por voz, que permita hablar entre conductores.

Para las Fuerzas y Cuerpos de Seguridad del Estado suponen una mejora importante en su capacidad de obtener información y de interactuar con los conductores.

25. Informatización e intercomunicación de las carreteras

Las carreteras no deben ser sólo asfalto, rayas y vallas. Deben estar vivas electrónicamente, y comunicarse con las autoridades y con los vehículos que las circulan. Deberán poseer postes que sirvan para comunicar a los vehículos la velocidad máxima, y así los vehículos electrónicamente limitarán su velocidad máxima, de forma que el conductor aunque quiera no pueda superarla.

Deben informar del estado de las vías: lluvia, sustancias derramadas, accidentes, nº de vehículos que pasan, elementos extraños (perros, personas), obras o zonas cortadas, etc.

Deben servir de guía a los vehículos, permitiendo la conducción automática, y avisando de desvíos imprudentes (como hacen ahora las bandas sonoras).

Deben ofrecer protección a las personas y vehículos. Se deben utilizar materiales que sean absorbentes y no rígidos, y que ayuden a minimizar los accidentes (¡hay que eliminar las vallas de acero ya! y sustituirlas por materiales absorbentes), y que dirijan la inercia de los vehículos accidentados, en vez de tratar de detenerlos.

Deben ser configurables, de forma que se puedan alterar los carriles y las señales rápidamente, de forma que podamos adaptar las carreteras a las variaciones de la afluencia de tráfico.

Actualmente existen lectores de matrículas que sirven para controlar el tráfico, y contadores de vehículos para conocer el número de vehículos que circulan.

El incumplimiento de los conductores de las zonas rayadas, deteniéndose en medio de los cruces, no sólo entorpece el tráfico, sino que aumenta la probabilidad de accidente, tanto con otros vehículos privados como con autobuses o tranvías.

26. Informatización e intercomunicación del tráfico privado y público

El tráfico privado y público no deben interferirse nunca. Deben estar físicamente separados. Deben estar separados en el tiempo. Siempre el tráfico público tendrá prioridad tanto espacial como temporalmente.

Pero en caso de tener que interrelacionarse (por ejemplo en un cruce), todos los vehículos deberán estar conectados pasándose información, de forma que ningún conductor distraído pueda saltarse un semáforo y ser arrollado por un autobús, un tranvía o un tren, como actualmente sucede a diario.

27. Reducción de desplazamientos innecesarios. Sociedad de la información

Se deberán tomar todas las medidas para evitar los desplazamientos en vehículos privados. Y hay que facilitar las gestiones de forma que se puedan reducir los desplazamientos. Para esto es importante fomentar la sociedad de la información, a través de la administración electrónica y virtual. Ahorrar a una persona un desplazamiento supone un ahorro importante de tiempo y dinero, aparte de un claro beneficio para el medio ambiente.

No es necesario hacer la compra físicamente. Basta con hacerla por Internet y que nos la traigan a casa. O vamos al supermercado pero sin vehículo y después nos la traen. Para ello hay que desarrollar los espacios accesibles a terceras personas, trasteros en los que los proveedores nos puedan dejar las mercancías con seguridad.

28. Eliminación de la utilización de dinero en efectivo

Nuestra falta de ética es asombrosa cuando tenemos que pagar algo. Si podemos evitarlo, tratamos que todo nos salga gratis. Es por eso que la sociedad informatizada actual nos debe evitar tener que elegir si pagamos o no. Simplemente pagamos al desplazarnos con nuestro vehículo o utilizando un medio público.

Sin utilizar dinero en efectivo, que hay que eliminar de los transportes públicos. Uno de los grandes problemas de seguridad es que se trabaja con dinero en efectivo. Además es una pérdida de tiempo injustificable, que retrasa los horarios de los servicios y complican la gestión de los transportes públicos.

Todo debe ser a través de tarjetas de proximidad electrónicas, o chips incorporados en nuestras carteras, ropas o piel.

Con respecto a los vehículos privados o públicos, las tasas que tengan que pagar por entrar en determinadas áreas, o multas, serán automáticamente cargadas en las cuentas de los propietarios, sin necesidad de bajarse a pagar el aparcamiento, ni de dar dinero en efectivo a nadie.

29. Reconversión de las estructuras y servicios existentes

Transformar una "sociedad del automóvil" en una "sociedad comunicada" implica muchos cambios, pero no podemos desaprovechar lo que ya tenemos.

Los transportes públicos pueden utilizar las vías existentes, al igual que el espacio reservado para aparcamientos y circulación de vehículos debe ser orientado a su uso por las personas y sus actividades. Así, en las calles que sean suficientemente anchas, donde antes los vehículos privados iban en un único sentido, ahora los transportes públicos pueden ir en los dos, multiplicando así la movilidad de las personas. Cualquier calle principal de nuestra ciudad se convierte en comunicada.

Los garajes se convierten en estupendos trasteros para acceso de terceros (por medio de claves temporales de acceso, en ellos nos dejarán la comida o los muebles que compramos).

Las aceras se pueden ampliar y resultar ahora cómodas.

Los edificios pueden sustentar estructuras que nos protejan de las inclemencias del tiempo mientras caminamos o utilizamos un transporte comunicado.

Las calles que queden sin tráfico pueden utilizarse para parques infantiles, jardines, zonas deportivas y culturales, etc.

En definitiva se trata de devolver la ciudad a sus legítimos propietarios: los ciudadanos.

30. Financiación continua del cambio

No caben parches si queremos convertir nuestras ciudades en "comunicadas". Con todo el dinero que nos ahorramos en sanidad, mantenimiento de infraestructuras, etc., nos da de sobra para implantar todas las fases del plan de comunicación de nuestra ciudad.

La excusa para cambiar la forma de vida no puede ser el dinero, puesto a medida que se implante se generarán todavía más ingresos y se reducirán los gastos.

El ciudadano medio pagará más que ahora por desplazarse en transporte público, y con esta financiación dará más que de sobra para ofrecer unos servicios de calidad en la ciudad comunicada. Simplemente por estar empadronado en una ciudad abonará por los servicios de transporte público, que tendrá libremente a su disposición para utilizar cuantas veces desee al día. Y como no usará el vehículo privado, en realidad estará gastando menos dinero al mes de lo que gasta hoy en día.

Epílogo
Una nueva oportunidad

Las grandes ciudades están sufriendo unos aumentos espectaculares en la población. Este mundo globalizado en el que vivimos permite que se produzca una inmigración masiva en los países más industrializados. Si no se planifica adecuadamente, suponen un verdadero problema para la configuración de las ciudades, sus transportes y su seguridad. Se producen grandes y rápidos cambios en las ciudades que es preciso planificar adecuadamente.

Estas personas que llegan poseen una gran capacidad de adaptación, y al principio están a la expectativa de ver como funciona el lugar donde residen. Si lo que aprenden es que hay que comprarse un vehículo para poder desplazarse, sólo estaremos agravando el problema del tráfico, y destrozando nuestras esperanzas ambientales.

Sin embargo, si ven que la única opción es el transporte público, que es rápido, seguro y eficaz, apostarán por él sin dudarlo. Y esto servirá de motor y apoyo a los planes de transformación de las ciudades colapsadas hacia las ciudades comunicadas.

La inmigración supone una nueva oportunidad que no debemos desperdiciar. Puede ayudarnos a acelerar nuestros planes de modernización de las ciudades, pues suponen un aporte de personal, capital y desarrollo económico sin precedentes.

Lo mismo ocurre con los países en vías de desarrollo que están sufriendo actualmente un crecimiento desorbitado, como China. No podemos permitirnos exportarles nuestro modelo económico y de transportes actual, basado en los vehículos privados. Si estos países tan densamente poblados tratan de alcanzar nuestro modelo insostenible y altamente contaminante, sufriremos las consecuencias a escala mundial, con un aumento espectacular de las consecuencias del cambio climático, con problemas de abastecimiento de recursos primarios, y con un exceso de contaminación que pasará factura a todo el planeta.

La crisis económica del año 2008 ha afectado a todos los sectores financieros e industriales, y se ha sufrido una ralentización general. No durará lo suficiente. Esta crisis es sin duda una gran oportunidad de replantearnos nuestro modelo insostenible. Sin embargo, si no cambiamos nuestro sistema económico, habremos desaprovechado un momento histórico para modificar nuestro tejido productivo y empresarial.

Creo que estamos a tiempo de cambiar nuestra forma de vida, de ser conscientes de que "El tráfico no tiene solución", y convertir nuestras poblaciones en "ciudades comunicadas".

No quiero que mis hijos y nietos hereden este mundo degradado y hacía la contaminación total, sino uno con más futuro. Por favor, ayúdenme a conseguirlo.

Matías Fonte-Padilla.

SOBRE EL AUTOR

Matías Fonte-Padilla nace circunstancialmente en Caracas (Venezuela) en 1970. A los dos años de edad retornó a España con sus padres, emigrantes canarios, que se establecieron en la Isla de El Hierro, Canarias, de donde eran originarios. Se crió en el pueblo costero del Tamaduste. A los 18 años se trasladó a la isla de Tenerife para estudiar en la Universidad de La Laguna.

Biólogo y Docente, comprometido con el desarrollo sostenible, la protección del medio ambiente y con la transparencia de las administraciones públicas y empresas privadas en la gestión ambiental. Posee una experiencia laboral polifacética y variada, trabajando tanto en administraciones públicas como en empresas privadas. Entre sus profesiones están las de instructor de buceo deportivo, comercial informático, director de escuela taller, capataz agrícola, técnico de impacto ambiental, de prevención de riesgos laborales, biólogo de Reserva Marina, técnico de calidad, docente de enseñanza secundaria y de formación profesional, relaciones públicas de hotel, guía de cetáceos, alférez de la Reserva Voluntaria del Ejercito de Tierra, etc. En la actualidad reside en la isla de Tenerife, Canarias, posee una empresa, actividad que compagina con la docencia, conferencias, la escritura y otras actividades.

www.ingramcontent.com/pod-product-compliance
Lightning Source LLC
Chambersburg PA
CBHW081052170526
45165CB00006B/2252

* 9 7 8 1 4 4 6 1 9 8 9 2 6 *